地域活性化政策とイノベーション

EU主要国の事例研究

法政大学地域研究センター
岡本義行　編

芙蓉書房出版

はじめに

　地域の振興や再生が大きな課題となっている。世界中どの国でもどの地域でも、地域活性化は課題である。どの地域でも妙薬があるわけではなく、知恵を絞って格闘している。とくに、先進国においても、衰退産業を抱える地域や産業基盤を欠いている（いわゆる過疎地域）地域では、地域振興は重要な政策課題である。地域振興の政策づくりには、地域振興のメカニズムを理論的に理解することが必要である。

　本地域研究センターは地域の発展、活性化、再生などを一貫して取り上げてきた。とくに、2003年以来、主に EU 主要国の研究者を招いて国際シンポジウムを開催してきた。これまで13回を数えた。いわば「地域活性化のメカニズム」の解明、地域活性化の成功事例発掘、地域活性化の政策形成について、先進国の専門家の議論がこの会議の目的である。本書には、そのうち各国の事情がよくわかる報告を選んで収録した。

　言うまでもなく、地域活性化に成功している事例もある。本書は法政大学地域研究センターが開催してきたシンポジウムの記録をもとにしている。この種の情報は日本ではほとんど知られていないこともあり、今回出版することとした。ドイツ、イタリア、フランス、スウェーデン、ノルウェー、スペインなど地域、そして産業の関わり、さらにコミュニティについて議論した。さらに、とくに非都市における産業集積や産業クラスターの創出・育成について事例をもとに議論した。地域活性化の課題の本質とは何か、どのような政策が有効かを各国の事例とともに紹介している。

　昨今、日本では「地域再生」「地域活性化」という言葉で表現されることが多いが、海外では一般的に「地域発展」(regional development) という言葉を使う。「地域活性化」や「地域再生」という言葉は経済的視点が強い。他方、地域の発展は経済的側面ばかりでなく、社会や文化の側面も含意する。地域活性化や地域再生という言葉が使われる文脈はより短期的であるとも考えられる。また、地域振興には社会や文化の視点も不可欠であり、地域の長期的発展を視野に入れることも求められる。

岡本　義行

地域活性化政策とイノベーション❖目次

はじめに *1*

序章
地方創生のための産業創出とイノベーションの役割
岡本　義行　*7*

　1．地域発展のメカニズム　*7*
　2．地域産業や産業集積の衰退　*9*
　3．イノベーションと地域社会の在り方　*13*

地方小都市における産業振興
岡本　義行　*15*

　はじめに　*16*
　1．地方の現状と地域活性化の成果　*16*
　2．EUにおける所得格差の減少　*19*
　3．地域活性化と地域産業の必要性　*19*
　4．イノベーションの概念　*22*
　5．地域におけるイノベーション　*23*
　6．海士町の事例　*25*
　7．スイス、オランダの事例　*27*
　8．地域における信頼関係のネットワークとガバナンス　*28*
　9．地域コミュニティにおける多様な人材の必要性　*30*

地域発展とそのメカニズム
—1990年以降のドイツの経験
ボーリス・ブラウン　*33*
Boris Braun

　1．都市圏と地方周辺地域　*35*
　2．絶えず続くリストラ、しかし依然として製造業が重要　*37*
　3．安定した雇用の成長、しかし依然として残る空間的格差　*43*
　4．大都市と都市経済の再生　*54*
　5．研究開発とイノベーション　*58*

6．ビジネススタートアップ　*60*
　　7．追い上げの問題：1990年代のドイツの経験　*63*
　　8．ドイツの経験から学べることは？　*66*

地域における観光政策の役割と課題
　　　　　　　　　　　　　　　　　　　ピエール・ベルテッリ　*69*
　　　　　　　　　　　　　　　　　　　Pietro Beritelli

　　はじめに　*69*
　　1．2008年までの地域開発—IHG　*70*
　　2．新地域開発戦略　*80*
　　3．イノベーションの推進　*83*
　　4．まとめ　*92*

グローバル化した経済におけるイタリアの産業集積
—〈Industrial Districts（ID）〉の変化
　　　　　　　　　　　　　　　　　　　ガービ・デイ・オッターティ　*95*
　　　　　　　　　　　　　　　　　　　Gabi dei Ottati

　　1．イタリアの産業の特徴　*95*
　　2．戦後のイタリアの産業発展　*97*
　　3．1990年代におけるイタリアの産業発展　*101*
　　4．今世紀に入ってからの経済的・制度的変化　*104*
　　5．今世紀に入ってからのイタリアの産業集積の変化　*112*
　　6．統計分析結果の総合評価　*114*
　　7．プラートのケース　*117*

産業集積と「新しい製造業」
　　　　　　　　　　　　　　　　　　　リーザ・デ・プロプリス　*123*
　　　　　　　　　　　　　　　　　　　Lisa De Propris

　　1．ベカッティーニ産業集積　*125*
　　2．生産と需要のグローバル化　*128*
　　3．課題に対する成功している産業集積の反応　*130*
　　4．メイド・イン・イタリーのパフォーマンス　*133*
　　5．製造業の新しい概念化　*136*
　　6．技術の変化　*137*

7．流通する製造業　*140*
 8．産業集積と経済に対する今後のイノベーションの影響　*141*

イノベーション、持続可能性と地域発展
―新しい形の地域化に向けて
レイラ・カビール　*147*
Leïla Kebir

 1．科学的問題　*148*
 2．持続可能なイノベーションのケーススタディ　*160*
 3．持続可能なイノベーションの内容についての調査結果　*162*
 4．持続可能なイノベーションの四つのプロフィールを特定する　*165*

地域政策推進における官民アクターの連携
マッツ・ローゼン　*171*
Mats Rosen

 1．スコーネ地方の概要　*171*
 2．地域の発展と地域政策　*172*
 3．仕組みか個人か　*184*
 4．地域内協力の成功例　*185*
 5．バーセベックカントリークラブ　*187*

グローバルなイノベーション勝者を目指して
―ノルウェーのクラスターからの視点―
ビヨン・アルネ・スコーグスタッド　*189*
Bjørn Arne Skogstad

 1．ノルウェーの紹介　*190*
 2．イノベーション：主要因　*195*
 3．ノルウェーのイノベーション・クラスター　*198*
 4．ノルウェーのクラスターの展望　*205*

社会イノベーションと地域の発展
ユストス・ヴェッセラー　*219*
Justus Wesseler

 1．ヴァーヘニンゲン大学の紹介　*219*

2．社会イノベーションとは何か　*220*
　3．なぜ関連性があるのか　*222*
　4．どうすれば社会イノベーションを測定できるか　*223*
　5．EUの戦略とは何か　*226*
　6．これまでに導き出された結論　*238*

スペインにおける地域発展とイノベーション
―カスティーリャ・イ・レオンのケース

ホワン・ホセ・フステ・カリヨン　*241*
Juan J. Juste

はじめに　*241*
　1．スペインの現状　*241*
　2．スペインの競争力の評価　*246*
　3．カスティーリャ・イ・レオンの状況　*252*
　4．カスティーリャ・イ・レオンのSWOT分析　*257*
　5．新しい地域戦略向かって　*271*

おわりに　*275*

　|資料|　法政大学地域研究センター「国際シンポジウム」の報告者・講演者　*277*

　執筆者紹介　*282*

序章
地方創生のための産業創出とイノベーションの役割

岡本　義行

1．地域発展のメカニズム

　日本の状況は、データを見ると、1人当たりの所得が低下しているので、所得を上げること、雇用を増やすことは、地方創生という今の政策の中でも重要視され、その目的になっています。一般に日本では、イノベーションというと技術の側面が強調されていますが、社会のイノベーションも考えていく必要があると思われます。

　また、イノベーションというと先端産業で、それは日本の一つの特徴でもありますが、日本の大部分の地域は農林水産業（農業、漁業、林業、畜産業）です。その伝統的な農林水産業が弱体化しています。この競争力は、先進国であるが故に弱いのではなく、その産業の形成の仕方に問題があるのではないかと考え、プレゼンターの方にはそういうご注文もお願いいたしました。

　強い産業の形成のためにはどうしたらいいのかということも、今回議論していただけることになっています。いずれにせよ、どんな地域に行っても、日本で言えば島しょ部に行っても、どんな山の中に行っても、グローバルな競争力がないと生きていけません。今回取り上げて特に議論できればと思っているのは、技術変化についてです。エネルギー源が石炭から石油に変わっていくことで、炭鉱が閉山になります。これは技術変化と言っていいのか、利用エネルギーの転換と言えばいいのか分かりませんが、そのことによって、その地域が競争力をほとんど失ってしまうという事例があります。後で日本の例をご紹介いたしますが、ベルギーからそのようなお話を聞けると思います。

　また、われわれが日常的に利用している100円ショップの商品は、中国の義烏（イーウー）などで作られていますが、そのような商品によって日本のマーケットは大きく変わってしまいました。そのような変化の中で、地域が生き残っていくことが必要です。日本ばかりではなく、ヨーロッパ

図1

図2 一人当たり県民所得の減少

東京都	4,369	-603
静岡県	3,162	-16
愛知県	3,105	-288
平均	2,915	-165
宮崎県	2,208	-22
高知県	2,199	-538
沖縄県	2,018	-52

でも途上国との国際貿易があるので、そのような競争が行われていますが、日本の山の中、島の中でどうやって競争力のある産業をつくるか、どのような条件が必要なのか、どのような政策が必要なのかということをこれから議論していただこうと思っています。

　2012年度の1人当たり県民所得を基に日本国内の地域所得格差を見てみると（図1）、1位の東京都は442万円ですが、一番低い沖縄県は203万円です。東京都は2倍、沖縄県は半分です。戦後、地域格差の是正をずっと追求してきましたが、全体の調整、つまり所得の再配分のようなことで平均化する方法は、もはや限界に来ています。その中で、地方がどうやって所得を稼ぎ出すか、所得を稼ぎ出すというよりも、雇用をつくっていくか、どう働くかということです。

　2001～2011年の10年間に、1人当たり県民所得がどれぐらい減ったかを見ると（図2）、所得が一番多いのは上から順に東京都、静岡県、愛知県ですが、トヨタの本拠地の愛知県でも28万8,000円ほど所得が減少しています。日本で一番所得が低い沖縄県でも、かなり減っています。こういう状況があります。

　他方、農業、林業、水産業という地域の重要な産業の自給率は、農業は計り方によっても違いますが、40％しか自給していません（図3）。60％は輸入しています。これは大きな議論が行われています。水産物も60％しか自給しておらず、40％は輸入しています。林業は25％しか自給できてい

ません。ご存じのように、地方へ行けばどこでも山に囲まれているのに、その木の利用がほとんどできていないのです。畜産業の自給率は70％ですが、30％は輸入しています。海外は輸入

図3 農林水産業の自給率

- 農産物・・・39％（カロリーベース）（H23年）
-       66％（生産額ベース）（H23年）
- 水産物・・・58％（H23年）
- 林業・・・・・26.6％（H23年）
- 畜産物・・・71％（金額ベース）（H21年）

の多いところもたくさんあるのですが、輸出も行われています。日本の特徴は、輸入が多いだけではなく、輸入と輸出のバランスが非常に悪いことです。

2．地域産業や産業集積の衰退

　農林水産業以外の工業や製造業はどうかというと、代表的な豊田などとは別に、浜松や諏訪などの地域があります。諏訪では時計を作っていましたが、時計は今はもうほとんどなくなっています。繊維、家具、和紙、金属などの産地も衰退が激しく、これをどうするかということです。東京周辺の大田区や東大阪は、東京で言えば日立や東芝、大阪であればナショナルやシャープという大企業の産業を支えていましたが、そのような産業集積が衰退してしまいました（図4）。

　その他に、全国的に五百数十カ所、ある商品に特化した地域産業がありました（図5）。そういうものが競争力を失ってしまっています。こういうものをどう転換していくかということについて、産業の仕組み、産業の構造、企業の努力だけではなく、地域として考えればどうなるのだろうかということが一つのテーマになっています。

図4 様々な地域産業や産業集積の衰退

- 大企業が核になった産業集積＜豊田、日立＞
- 複合型産地→＜浜松＞＜諏訪＞
- 伝統産業の産地→繊維＜桐生、尾張一宮＞、家具＜大川、静岡、旭川＞、和紙＜高知、美濃＞、金属加工＜燕＞・・・
- 下請産業の産地→＜大田区＞＜東大阪＞

図5 産業集積型の地域産業の事例

- 全国で500カ所以上の産地、産業集積
- 和服や帯の産地、絹織物：西陣、桐生
- 陶磁器：瀬戸、多治見
- 刃物：関、三条、東大阪
- 綿織物：遠州
- 毛織物：尾州、泉州
- 家具：大川、府中、旭川
- 仏壇：京都、八女、静岡

図6 新潟県燕市の産業

燕

- 金属加工:多様な産業分野にわたって金属製品
- 和釘→キセル→銅器→洋食器→ゴルフヘッドやカップ(美味しくビールを飲める)→航空機の機体
- 事業所数(従業員4人以上)818社、従業者数16,467人、出荷額等3841億円
- 主要産業の構成比は金属製品製造業22.7%(391社)、情報通信・電子部品製造業17.4%(13社)、一般機械器具製造業14.9%(193社)、電気機械器具製造業14.1%(34社)

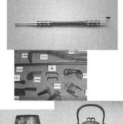

　一つの事例として、燕という、金属の加工をしている、新潟県の市を取り上げます(図6)。もともとは釘を作っていたところですが、江戸時代から明治にかけて、ヤスリやたばこを吸う道具のキセル、釘の類、お湯を沸かすもの、花瓶のような商品を作るようになりました。ここはさまざまに姿を変えながら、現在は飛行機の一部の部品なども作っています。

　一時、ノーベル賞創設90周年オリジナルカトラリーという、きれいな商品も作っていました。ノーベル賞の晩餐会で使われるナイフやフォークはここで作っているといわれています。現在はカップやゴルフのヘッドなど

も作っていますが、それでもここは地域産業をなかなか維持できないという状況があります。

静岡県の浜松（図7）は、もともと綿織物の繊維産業があったのですが、それが明治に全国的にマーケットが広がることによって拡大し（図8）、グランドピアノ、着物や浴衣、バイクなどの産業に展開しました（図9）。

図7 静岡県浜松市

図9

図8 浜松産業集積の原点

- 江戸時代、上州館林（たてばやし）から結城縞の技術
- 明治に入り、この技術をもとに遠州織物の発展
- 生産額は少なく、笠井中心の地方的であったが、明治15年、同業者は団結し、全国に拡大する努力が始まり全国的に進出

これは日本では珍しい成功事例の一つに入るかと思いますが、繊維の産地が織機を作りはじめて、その織機を作った第一人者が豊田佐吉です。豊田佐吉の織機の技術がそのまま転用されたわけではないのですが、今のトヨタ自動車になり、同時に自動車、バイクという産業が出来上がりました。一方、この地域は木工があり、木工からヤマハやカワイという輸出もしている楽器のメーカーが出て、ピアノだけで

図10 浜松の地域経済発展

| 綿織物産地→（豊田佐吉）→織機 |
| ↓ |
| 自動車やバイク：トヨタ、スズキ、ヤマハ |
| 木工産業→楽器→ヤマハ、カワイ |
| 光技術：ホトニクス |

はなく管楽器なども作っています。光技術は、日本では面白い事例として取り上げられます。浜松ホトニクスという会社について、後でお話が出てきます（図10）。

図11 豊田佐吉と豊田式力織機

豊田佐吉は、力織機という織機を作りました（図11）。新しい糸から布を作る機械です。こういうものを開発して、そこからトヨタ自動車につながっていったのです。トヨタ自動車そのものは愛知県に移ってしまいました。今のプリウスはその発展系です。このように転換できると非常にいいのですが、残念ながら浜松から豊田に移転してしまいました。

一方、楽器産業は山葉寅楠という人が始めました（図12）。これは一番初期のころのヤマハです（図13）。山葉寅楠はヨーロッパから入ってきたオルガンを修理することによって技術を得て、オルガンを作って、ピアノにつながっていき、その他の楽器にも広がりました（図14）。今はシンセサイザーやエレキなどの関連の楽器にさまざまな展開をしていますが、それでも浜松は経済的に難しくなっています（図15）。

図12 楽器産業
- 大阪から浜松の病院に器械修理のため派遣されてきた山葉寅楠
- 明治20年、1887（明治20）年、寅楠は元城小学校にあったアメリカ製オルガンの修理に成功
- 明治21年、山葉風琴製造所（現ヤマハ（株））を設立→オルガンの生産に着手
- 明治30年寅楠は日本楽器製造株式会社を創立
- 明治33年、技師、河合小市のピアノアクションの完成で、ピアノ製造に成功

図13

図14

図15 楽器産業の発展
- シンセサイザーやリズムマシン、電子ピアノなど電子楽器の雄、ローランド（Roland）
- ギターやベースのエフェクターメーカーとしてとても高い評価を持つ、ボス（BOSS）
- 鍵盤ハーモニカ「メロディオン」、鍵盤吹奏笛「アンデス」
- ハーモニカやリコーダー、オルガンなど教育楽器の「鈴木楽器製作所」

もう一つはオートバイです。オートバイは世界で日本の独壇場のような産業になっています。もともとは自転車に電動機を付けたもので、やっと途中からバイクらしくなりました。それを作って、一時は40社ぐらいの会社があって、浜松の中で競争があり、レースも行われたといわれています。

これを作ったのは本田宗一郎とそこから出た人たちで、ホンダ、ヤマハ、スズキというメーカーが今でもしのぎを削っています。ただ、浜松という地域にもかかわらず、なかなか成長拡大というところまで行かず、今は経済的に縮小しています。グローバルな競争の中では相当の産業の競争力や技術開発、イノベーションを続けなければいけないと考えられます（図16・17）。

図16　オートバイ産業の発展

- 日本ではじめて二輪車が生まれたのは浜松
- ホンダ創業者である本田宗一郎が無線機用の小型エンジンを自転車に取り付け
- 創成期には浜松内に約40社のメーカー
- 国内4大メーカー（ホンダ、スズキ、ヤマハ、カワサキ）のうちホンダ、スズキ、ヤマハの3社が立地

- 昭和初期に遠州織機という会社がオートバイの製作を着手したが、製造業の多くが軍需品生産に移行する中、完成間近に頓挫した。
- 昭和21年、本田宗一郎が陸軍で使用していた無線用小型エンジンを改良し、自転車に取り付け試走し、浜松のオートバイ製造の始まり。
- 全国でオートバイメーカーが濫立し、浜松にも30社以上のオートバイメーカーが生まれました。
- 現在では、浜松にホンダ、ヤマハ、スズキが立地

図17

3．イノベーションと地域社会の在り方

昨年度、私は地方創生の人口ビジョンと地域戦略をつくる機会があり、地方の岡山県のまちへ行ってそれをつくることができました。ご存じのように、日本では、人口を増大できないにしても、どうやって維持するかということが課題になっています。地方が人口を維持するためには、もちろん出生率を上げるということがありますが、出生率を上げるためには、雇用や所得が必要になるので、地方の産業をつくらなければいけません。ど

図18 光産業
- 1926年、浜松市で、高柳健次郎博士により世界初の電子式テレビが開発された。
- カミオカンデ：光電子増倍管の開発（ノーベル賞受賞の研究に貢献）
- 浜松ホトニクス⇒フォトンバレー

うすれば新しい産業、あるいは既存の産業をイノベーションできるか。農業のイノベーションというのは、単に新しい技術を導入するというだけではなく、流通や今問題になっている集団的な企業化、法人化も一つの形態かもしれませんが、そのためには、地域の社会の在り方や人間関係まで考えないといけないのではないでしょうか。このことも、今日の議論の中で出てくるといいなと思います。

産業はどこかから人が来たり、技術を持ってきたりして、ぱっと出来上がるものでもないし、われわれの生活は人間関係の中でできているので、一人で移住しても何もできません。地域のコミュニティや自治体などももちろん重要な役割を果たすと思いますが、その中で何ができるのか、こういうことができるのではないかということを海外のゲストの方からもご示唆を頂ければ幸いです。

地方小都市における産業振興

岡本 義行

　私のテーマは地方の小都市における産業振興ということで、お話をしたいと思います。

　まずは問題提起ですが、さまざまな形で地域の活性化、地方の産業振興が進められています。ただ、アベノミクスの成長戦略の第三の矢の一環である、一つの目標だろうと思いますが、なかなかそこに的を絞れていないように思えます。通常、地方の地域が衰退するのはやむを得ない、場合によってはみんな東京や大阪に住んだらいいのではないか、あとはサルとイノシシでいいではないかという極端なことをおっしゃる方もいますが、果たしてそういうことでいいのだろうかということがあります。

　とすれば、地方の地域活性化、特に中山間地はなかなか大変にしても、地方の中小都市をどのように活性化するのかは大きな課題であると思います。そこで、地域の基盤となる産業をどのように育成するか、どのようなことが可能なのかということをこのシンポジウムのテーマにしたいと考えています。地域活性化の大きな障害は、過疎化ももちろんですが、高齢化です。後でそのデータをお示しします。そして、限界集落にはいろいろ分類があるようですが、限界集落化ということが起こっております。

　にもかかわらず、地方の経済をどのように振興させるか。どの先進国でもスピードの違いはあれ、高齢化しており、過疎化も起こしています。地域間の財政資金の取り合いのようなことも起こっています。しかし、地方で産業をきちんと作り上げて、そこで生活できるということの重要性は疑いありません。

　その産業の振興としては、一つは従来の各地域にある地場産業や産業集積をどのように競争力のあるものにするかという方向があります。

　もう一つは今、農林水産業に一生懸命力を入れていますが、これをどうやって競争力のあるものにするかということがあります。それにはクラスターのようなものを考える必要があるのだろうと思われます。ただ、地域の社会の構造というか、人々の関係や地域のガバナンス、さらには人材の問題があるのではないでしょうか。こういうことを全体の私の問題提起に

したいと思います。

はじめに

これは世界の全体の経済成長（GDP）がどうなっているかを示しています（図1）。世界中は、やはり成長しているのです。少なくとも、世界経済は大体2％ぐらいで成長しています。もちろん、途上国や新興国の成長率が高いので、それに引っ張られているということはありますが、世界中で見ると、その動きに日本は取り残されているということであります。

図1 世界は成長し続けている

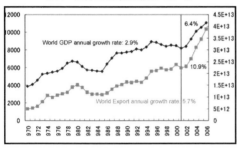

図2 日本経済の成長率

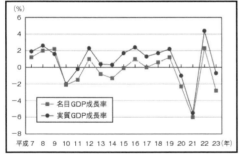

人間の社会というのは、ある程度の成長はするはずなのです。個々の人たちが毎日の生活の中で、さまざまな工夫をすることにより2％ぐらい成長するだろうと言われています。ところが、その2％の成長ができないということは、どこかでブレーキを掛けている人たちがいる。これは規制であったり、既得権であったりするのかもしれません。

日本の成長率は、失われた10年、失われた20年の中で、2％成長するのがやっとで、それを切って、ゼロかということが続いています。これはさまざまな形で議論されてきています（図2）。

1．地方の現状と地域活性化の成果

ここから、地方の現状をふまえて地域活性化をめざして、政府はさまざまな政策を実施して、財政資金を投入しています。その結果が、1,000兆

円にもおよぶ財政赤字になっているのです。日本は国内の貯蓄はあるにしても、その貯蓄を家計に移転して、地方の生活を支えているということが言えるのかもしれないと思います。

　地方の衰退とは、どのように測るか。これは高齢化率であったり、人口減少であったりすると言えるのでしょう。地域格差が拡大していることは事実です。東京を中心にした地域と、高齢化・過疎化が進んでいる地域との間で格差が拡大しています。この格差をどうやって解消・縮小していくか。これは地域産業の競争力が重要であり、イノベーションや生産性の向上が重要なわけです。

　都市でない地域というのは世界中どこでも活性化していないということではなく、高い所得を得ている所もある。そういう地域でどのようなことが行われているかということもお話しします。

　県民所得のランクでは、一番高い所に東京、低い所に沖縄、高知がありますが、これだけの違いがあります（図3）。

図3　1人当たり県民所得と地域間所得格差

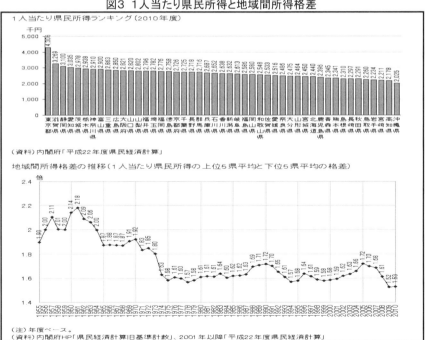

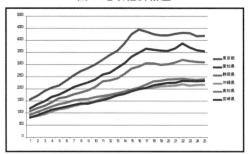

図4 地域経済格差

図5 県別人口減少格差

		1995年	2005年	2010年
1位	東京都	11,773	12,577	13,159
2位	神奈川県	8,246	8,792	9,048
3位	大阪府	8,797	8,817	8,855
45位	高知県	816	796	764
46位	島根県	771	742	717
47位	鳥取県	615	607	589

図6 県別高齢化率格差（内閣府）

		2012年	2040年予測
1位	沖縄県	17.7	30.3
2位	東京都	21.3	33.5
3位	神奈川県	21.5	35.0
45位	島根県	30.0	39.1
46位	高知県	30.1	40.9
47位	秋田県	30.7	43.8

　この違いだけでは大きくないと思われるかもしれませんが、地域経済格差（図4）はその変化を表したもので、一番上が東京都の1人当たりの都民の所得です。続いては愛知県で、トヨタなどがある所です。静岡も現在成長しています。東京、愛知、静岡の三つの県が成長しているにもかかわらず、沖縄、高知、宮崎というのは伸び悩んでおり、その格差が拡大していることを示しています。25となっている下の軸は2011年までをとっています。

　日本の国内では地域の格差が拡大している。それが地域産業の衰退による、あるいは競争意欲を失っていることにあるのではないだろうかということです。

　次に、人口減少の格差を見ると（図5）、やはり一番上は東京で、1995～2010年までの間、人口増加しています。2番目の神奈川も増加しています。大阪は若干ですが、増加しています。ところが、高知県、島根県、鳥取県はみな軒並み減少しています。沖縄は人口増加していますが、高知、島根、鳥取は所得も減って、人口も減少しています。

　これは高齢化率をとったものです（図6）。2012年と2040年の高齢化率の予測を入れたものです。高知県は、2040年には40％以上の人が高齢です。秋田は43％で、半分以上が65歳以上の人になってしまうことが起こってくる可能性があります。こういう現状・状況の中で、政策がどれぐらい効いているのかという議論は今日は省かせていただきますが、どういう産業を、

どのようにつくっていったらいいのかということです。

　地方の小さい都市が生きていく、あるいはその周辺の地域が生きていくにはどうしたらいいのか。独自の地域産業の立地というのはやはり必要です。EUについては、これから議論されると思います。

２．EUにおける所得格差の減少

　これは、ヨーロッパ全体です（図7）。色が濃い所が、所得の高い所です。必ずしも、都市部とは限りません。外国からの先生方に、後でこれについてはコメントしていただきましょう。例えばロンドンやパリは非常に人口が密集して、1人当たりの所得も抜群に高い所ですが、それ以外の中小都市でも結構所得が高い所があります。

　この中で、1人当たりのGDPの格差が減少しています。ユーロスタットのデータでは、縦軸の取り方によって随分違いますが、格差は多少減少しています（図8）。比較するデータは違いますが、日本では格差が拡大しています。

図7　ヨーロッパの所得格差

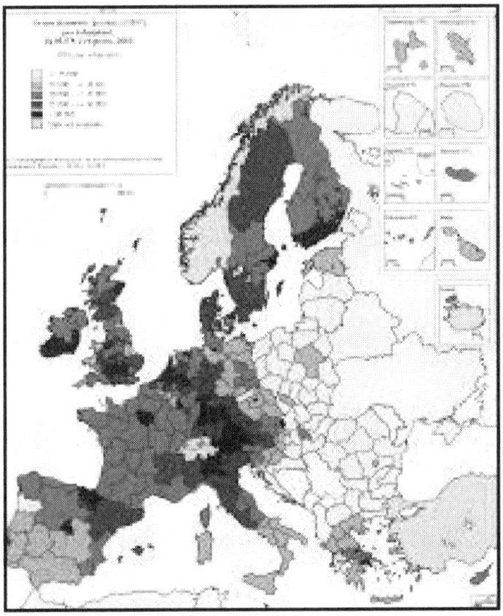

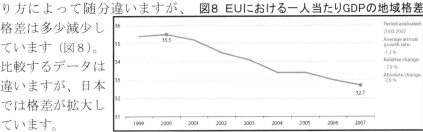

図8　EUにおける一人当たりGDPの地域格差

３．地域活性化と地域産業の必要性

　地方における産業振興や産業の活性化には何が必要なのか。競争力のあ

る産業とは一体何なのかと。地場産業や地域の産業集積も、世界の環境が変わっていきますから、転換していきます。例えば日本で「たわし」を作っていたのが、今は中国で作ったり、もっとコストの安い所へ出ていくという形で、日本の伝統的な地場産業や産業集積は衰退し、消滅していきます。

　ところが、「たわし」は他の産業に活用できないのかということで、「たわし」の技術を活用して、新しい産業に生まれ変わるというのが普通の姿です。そういう産業の経路はどこにでも見られることで、例えばトヨタ自動車も、もとは地域の綿織物の繊維機械から自動車が生まれてきたということが言えます。転換していかなければ、新しい経済環境には適応できない、そのためにはイノベーションが必要ということになります。それをどうやって支えるかということが成長戦略の一環でなくてはならないだろうと思っています。

　その他に、一般に地方の主要な産業は農林水産業や畜産、観光です。一般に「6次産業化」という総称が与えられていますが、地域の農家が農産物を作って、それを加工して販売しなさいよ、というのが一つのパターンになって、ここでイノベーションが起こればいいだろうということになります。そのイノベーションにはどういうものがあり得るのか、具体的にどういうことが可能なのかということを考えてみたいと思います。その場合も、農林水産業といえども、やはり国際競争の中で、ある程度の競争力を持たないといけない。そのことによって付加価値を増やしていくというようなことにあります。後でノルウェーの事例を話していただきますが、ノルウェーの漁業があれだけ競争力があって、日本の漁師さんは年収で200万円というワーキングプアみたいな状況です。農業についても同じようなことが言えます。

　農産業の輸出と輸入の関係で、上側が輸出で、下が輸入です（図9）。どの国も大体、輸出と輸入のバランスが取れています。例えばドイツにしてもイタリアにしても、フランスは農業国ですが、アメリカ、オランダもバランスが取れています。ところが、日本を見ると、極端に輸入が多く、輸出が少ない。これは、どういうことが障害になって、こういうことが起こっているのか。どの国にも得意・不得意というか、競争優位にあるか、劣位にあるかということがありますから、競争優位を、マーケットをうま

図9 主要国の農産物貿易（2008年）

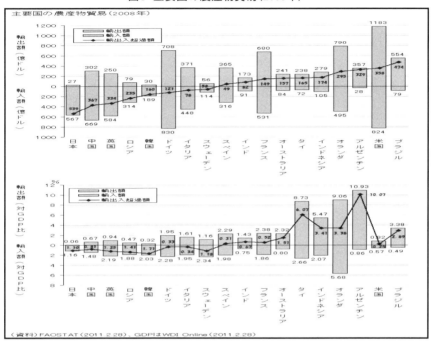

図10 我が国の水産物輸入量・金額の推移と金額内訳（2010・平成22年）

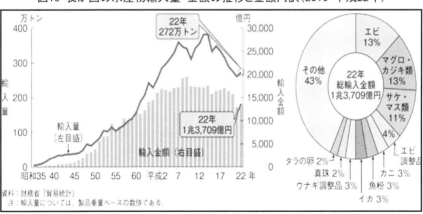

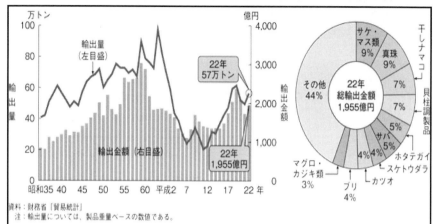

図11 我が国の水産物輸出量・金額の推移と金額内訳(2010・平成22年)

く活用して選べなかったのではないだろうか。これは農業の話です。

　次は漁業の話です（図10・11）。輸入と輸出の関係ですが、輸入は1兆3,000億円、輸出は2,000億円ほどで、オーダーが違うほど輸出ができていません。つまり、産業としての競争力がないと言えます。これをどうすればいいのか、後でアドバイスを頂きましょう。

4．イノベーションの概念

　そこで、イノベーションというものを考えてみたいと思います。一般に日本ではイノベーションというのは、技術に偏重した技術開発というイメージが強いので、「プロダクト・イノベーション」や「プロセス・イノベーション」と言っていますが、もともとのシュンペーターの「新結合」というのは、いろいろなアイディアを結び付けるということがあります。ここではそういうものとは違って、三つのパターンに分けてみようと思います。

　「技術のイノベーション」と「システムのイノベーション」、「サービスのイノベーション」があります。「システムのイノベーション」というのは、流通や組織のイノベーションです。「サービスのイノベーション」というのは、製品というよりも、関連したサービスで、例えば大手のメーカ

ーといわれるところが、コンサルティングサービスや補修などのサービスが重要な収入源になっています。プリンターなどは本体は安いのですが、インクが非常に高いというのは、まさにこういう現象の表れであります。サービスで稼ぎ出すというイメージでイノベーションを捉えます。あるいは製造業を支えるようなサービス産業の発展を促すイノベーションの方が、より重要になってくるのではないか。先ほどの6次産業化というのは、「システム・イノベーション」に入れたいと思っていますが、流通を具体的にどう革新していくのか、組織を革新していくのか。具体的な事例は後ほどご紹介します。

　実際、研究開発をすることによってイノベーションを起こしていくのは、容易なことではありません。昨日、30歳のお姉さんが新しい革命的な発見をしたとニュースで聞きましたが、そういった技術の分野でイノベーションを起こしていくことというのは、それなりの施設と人材を集めることが必要です。「システム・イノベーション」というのは、6次産業化と言われているようなものの本質だと思いますが、もう少し楽なのではないだろうかということです。

5．地域におけるイノベーション

　農業や漁業に関連するイノベーションはもっと可能であろうということで、うちのゼミで修論を書いた院生の図（図12）を活用させていただきますが、これは農業分野で成功されている方のネットワークを取り出して、そのネットワークの中で特に重要なネットワークがあるのだということを発見されました。

　太い線で囲まれている部分が、イノベーションを生み出すようなネットワークです。つまり、農業の人たちも、一人一人でやっているわけにもいかないので、その同じ思いの人たちの間でこういうネットワークを形成して、イノベーションを起こしていく、そのイノベーションの核になるような集団をつくるということを発見されました。

　農業のイノベーションというのは、日常的に起こってくる、あるいは発想するということが必要ですが、こういう方法が可能であろう。そしてそれが関連し、場合によっては機械であったり、肥料であったり、販売方法

図12

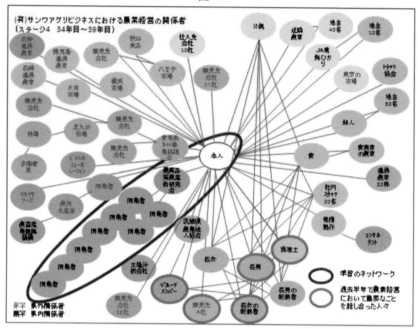

であったりします。それから、もう一つの柱は直接販売するということを言っていますから、マーケットに直接アクセスできるということになります。

それから漁業についても、われわれは昨年調査をやりましたが、結局自分のところでどれだけ付加価値を高めることができるか。つまりマーケットの消費者までの間の付加価値をどれだけ取れるのかは、後で海士町の事例を通して具体的にお話しします。自分のところでいろいろなことがコントロールできるが、魚というのは、時間がたてば必ず腐っていくものです。新鮮だということが勝負の商品ですが、採れるときは不安定です。どうやって地元で、自分たちが商品としての新鮮な魚を扱えるか、そこでは大きなイノベーションが必要になります。

成功している所も幾つかあります。ここでも「サービス・イノベーション」や「システム・イノベーション」の中で、こういうことを考えられないだろうかということです。

6．海士町の事例

　海士町は、日本海に浮かぶ小さな島（隠岐島）の一部です。海に囲まれて、サザエや海藻や魚を採っている所ですが、鳥取や島根まで船で2時間ほどかかります。その2時間の差が魚の種類にとっては重要です。その2時間をどうやって克服するか。天候が悪いとか、船で運ぶコストをどうするかということで考えてみます。

　海士町の人口のデータですが、ずっと減少しています。ここで何とか食い止めないといけないということです。例えば、魚の処理のための機械を入れました。「CAS 凍結センター」というのは、新鮮さを維持するための施設です。

　ここには唯一、高等教育のための高校があります。東京で学生を募集して、人口が2,300人の所で高校が成り立つわけもなく、つぶれそうになった高校ですが、100名の定員を超えています。寮に泊まって、東京の学生が島留学といって、若い人たちが300人ほど住み着いて、これで人口が増えるか分かりませんが、「さざえカレー」といった新しい商品や、ホヤやアワビの商品を開発しています。海藻の民間研究所も誘致しました。

　将来に向けた図がこれです（図13）。海藻を最終的な商品にしようとし

図13

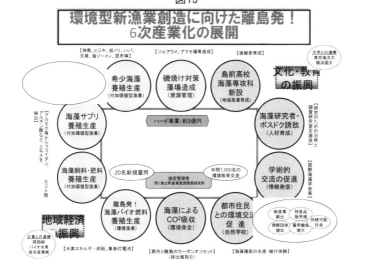

ていますが、海藻は燃料にもなり、サプリメントにもなりますし、CO_2吸収による環境保全にもなります。もちろん、海藻そのものも食べます。そういうことで、海藻の種をまいて生産し、それを販売します。その研究機関も誘致しています。これが将来どうなるかが楽しみですが、実はこういった産業がどれぐらい可能であるかというのは、大きな実験だろうと思っています。ここは、こういったことがなければ人口は減少して、誰も住まなくなり、日本の領土ではなくなるかもしれないというリスクがあります。

海士町の藻場生態系サービスの有効活用と循環型生産システム（図14）です。海藻という海の資源ですが、海藻の研究者もそんなにたくさんいるわけでもなく、海藻を食べるという国もあまりないですが、資源として将来の有望なものである。それをどうやって研究段階まで持っていくか。そして、外の人たちを呼び込むかということを考えています。

そんなに大それたことを考えているわけではなく、漁業であれば養殖を含めて、関連する産業をどうやって幅を広げていくか。それぞれの資源は、農業にしても林業にしてもそれぞれネックがありますが、それをどうやって解決していくか。やっと一部で林業の再生が叫ばれていますが、それでペレットストーブという、木材を原料にしたかなり効率的なストーブが開

図14

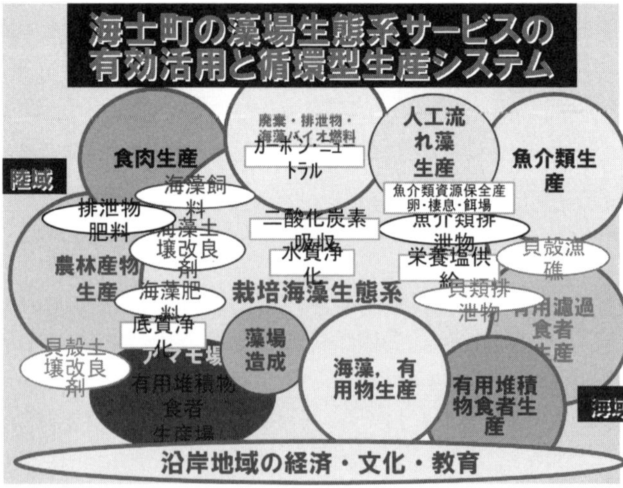

発されました。ただ、燃料が日本の国内ではなかなか作れず、一方で材木を燃やしたり捨てたりしているのですが、その材料の半分ぐらいはスウェーデンやフィンランドから輸入していると言われています。

なぜ、そのような原料を日本で作れないかというと、付随するサービス産業が既に木材の場合は崩壊してしまっている。木材で家を建てる場合、2,000万円の家を建てるとき、木材に使うのはたかだか200万円ぐらいなのです。残りの用途としては、捨ててしまうような木材をどう使うか。割り箸にしたりするということもあります。しかし、その一部は燃料として利用すればいいのですが、その燃料という形にうまくつながっていかないということがあります。

7．スイス、オランダの事例

小さい町について、スイスの事例です。ラ・ショー＝ド＝フォン。時計産業も、時代とともに環境の変化に耐えてということです。スオッチというグループで、これはロレックスやディオールなどの時計の産業集積になっています。輸出の推移を見ても拡大しています（図15〜19）。

農業生産物についていえば、オランダのワーヘニンゲンですが、ここは人口３万7000人です。これも小さい町ですが、オランダは世界で第２位の農産物輸出国で、そこの中心としてフードバレーと称しており、研究機関の中には日本のニッスイやキッコーマンなどが研究所を置いています。ワーヘニンゲンという町は、大学や研究機関で成り立っているという一つの方法です。

図15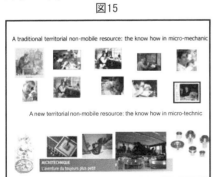

図16

図17　　　　　　　　　図18

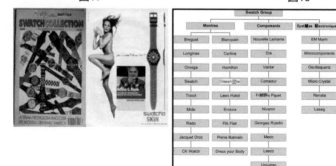

図19

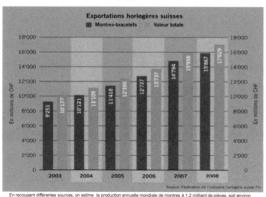

8．地域における信頼関係のネットワークとガバナンス

　ここでの重要性は、地域のネットワークの強さにあります。海士町もさまざまな議論があったと言われていますが、まとまりがいいということです。これは経済的な活力と他の社会的な変数との関係を見てみたいと思います。

　国際比較ができるデータはそれほどないので、レガタム繁栄指数から取

りました（図20）。一番左側が経済のパフォーマンスを表しています。1位がノルウェー、2位がニュージーランド、3位がデンマーク、4位がオーストラリア、5位がオランダ、6位がカナダ、7位がフィンランドで、8位がスイス、9位がアメリカ、10位がスウェーデンとなっています。ガバナンスの順位は1位がスイスで、ニュージーランド、デンマーク、スウェーデン、フィンランドとなっています。アントレプレナーシップ、つまり起業家活動に関するものは、スウェーデンが1位で、デンマーク、フィンランド、スイスとなっています。

図20 経済と他の変数との関係

	Economy	Governance	Entrepreneurship	Social Capital
1	Norway	Switzerland	Sweden	Norway
2	New Zealand	New Zealand	Denmark	New Zealand
3	Denmark	Denmark	Finland	Denmark
4	Australia	Sweden	Switzerland	Australia
5	Netherlands	Finland	Luxembourg	Netherlands
6	Canada	Luxembourg	Norway	Canada
7	Finland	Australia	Iceland	Finland
8	Switzerland	Canada	Netherlands	Switzerland
9	U.S	U.K.	U.K.	U.S
10	Sweden	Netherlands	Hong Kong	Sweden
日本	5	25	21	23

出所：Legatum Prosperity Index, 2013
142カ国

ソーシャルキャピタルというのは、地域の社会的な信頼関係・信頼度を表すようなものですが、ノルウェーやニュージーランド、デンマーク、オーストラリアと、（経済のパフォーマンスと）ほとんど重なっているわけです。これは、こういう指数の作り方がこうだと言ってしまえばそれまでですが、どうも社会の構造と経済のパフォーマンスとは非常に関係しているのではないか。

ガバナンス、企業家精神、ソーシャルキャピタルですが（図21）、全体のガバナンスにはどういうものが入っているのか。ガバナンス、アントレプレナーシッ

図21 ガバナンス、企業家精神、そしてソーシャルキャピタル

- ガバナンス：行政の効率性、規制、政治的権利、政府の権利、政治的規制、貧困に対応する努力、裁判制度への信頼、ビジネスや行政に対する贈収賄、法の支配、環境保全、権力の分散、行政の承認、疑念の表明、軍への信頼、選挙の公正さに対する信頼
- 企業家精神：ビジネスのスタートアップコスト、インターネットサーバーの安全性、R&D支出、不均等な経済発展、携帯電話、知財、ICTの輸出、熱心に働くことで出世できる、企業環境、
- ソーシャルキャピタル：他人に対する信頼、ボランティア活動、見知らぬ人への支援、寄付、他人に対する信頼、結婚、宗教活動

プ、ソーシャルキャピタルの、それぞれにサブインデックスが入っていて、それが総合的になっています。行政の効率性や行政に対する信頼感がガバナンスであったり、起業家精神はビジネス・インキュベーションのようなことがあったり、ソーシャルキャピタルは他人に対する信頼感や寄付活動などであり、それが経済のパフォーマンスにつながっている。日本では震災で「絆」と言っていますが、こういう点から見ると、研究してみる価値はあります。

9．地域コミュニティにおける多様な人材の必要性

　これはもう少しミクロに具体的にコミュニティというものを考えた場合は、どうなのだろうか。
　人間と人間の関係の強さが経済活動に影響しているのではないだろうか。地方で活動している人に「あなたたちは何でこんなことをやっているの?」「これは一体どういうつながりがあるの?」と尋ねると、「われわれは伊勢講なんですよ」と言う人がいます。つまり、お伊勢参りをした人たちの子孫というか、そういう人たちの集まりや、宗教だったりすることがあります。そういうことを考えると、活力の源泉というのは、人のネットワークの中にあるような気がしています。
　その個々の人たちの人材の質というのが問われます。リチャード・フロリダは、ゲイがいる所の方が活性化していると言っていました。それをどれぐらい一般化できるかは分かりませんが、後でご説明していただけるかもしれません。ビジネススクールへの進学者の割合ということでは、デンマークやノルウェーには産業博士（Industrial Ph.D.）という仕組みもあります。これは会社に行き、そこで博士号を取るというものです。国が支援する生涯教育もあります。
　こうしたものが最近、注目されていますが、学校教育とは別に、社会に出てからどれだけ学ぶかということで、これまでの全体のイノベーションや環境変化の対応力ということで見ると、人材育成が非常に重要なポイントになるのではないかということについても、後で先生方にコメントを頂ければと思っております。
　地域産業といわれるような伝統的な産業や農林水産業は、あれだけ輸出

できない、つまり競争力がないということです。それは労働コストが高いから輸出できないわけではなくて、そこにイノベーションがないから輸出できないわけです。あるいは経営力がないと言ってもいいかもしれません。革新を通じて、そういう状況をわれわれがどうやって打破していくか。それは地域としてのまとまりや、個々の人材の質ということが大きなポイントになるのではないだろうかということで、私の問題提起を含めたプレゼンテーションを終わらせていただきます。

地域発展とそのメカニズム
—1990年以降のドイツの経験

ボーリス・ブラウン
Boris Braun

　日本の現況を鑑み、ドイツの現況から学べる興味深い点は何だろうと考えました。ドイツは、過去20〜30年を振り返ってみると、二つのことをうまくやってきたのではないかと思います。一つ目は、ほとんど経済が破綻していた東ドイツ（旧ドイツ民主共和国）の約1,500万の人々を、何とか近代的な経済に統合することができたということです。この経験は、いまだに多くの問題につながっています。後ほど、この破綻した経済のもとで、1,500万人の統合は簡単ではないことをお話ししたいと思います。

　二つ目は、1990年代後半に、ドイツが負担の重すぎる社会福祉、まったく硬直した構造、超低成長率、そして超高失業率を抱えた国として、ヨーロッパの病人であるという自身の姿を正しく理解できたということだと思います。これはちょうど、アメリカの非常に有名な経済学者であるポール・クルーグマンが、ドイツについて「なぜドイツは競争できないのか」というタイトルの論文を書いた頃でした。ポール・クルーグマンは、労働市場の硬直性、負担の大きい社会福祉、どこにでも国が出てくる多額の公共投資のせいで、ドイツは今後数十年は世界市場で競争できる状態にならないと述べました。ドイツは柔軟性が低すぎて、再び活力ある経済を生み出し、1990年代の高い失業率を下げることはできないということだったのです。

　しかし、どのように歴史が動いたか、皆さんもご存知のとおりです。ドイツは何とか、その経済の競争ベースの低下という問題も克服することができました。この二つのお話は、日本の皆さまにとっても興味深いのではないかと思っています。

　これからの40分間、六つのポイントに焦点を絞ってお話を進めたいと思います（図1）。一つ目のポイントは、後ほど地図をお見せしますが、ドイツの歴史から受け継いだ遺産です。ドイツは、全国にかなり均等に都市が散らばっていて、比較的バランスの取れた構造になっています。どこで

図1 ドイツ：主な地理的および経済的構造

1. 都心部と都市周辺の密集地域は、比較的バランスがとれている
2. 経済再編にもかかわらず、強い製造業分野を有する
3. （現在）、困難なマクロ経済環境（EU、ユーロゾーン）にもかかわらず、緩やかな経済成長
4. 失業率の低下－"2回目の経済的奇跡か"？
5. 人口構成の変化：急速な高齢化と人口の減少(?)
6. 経済的な成長と豊かさにおける持続的な不均衡（東西の分断）

も　比較的近くに都市があって、実質的に周辺地域や、周辺農村地域と呼ばれるような小さな地域が存在しないため、地域発展に役立っています。

　二つ目のポイントは、ヨーロッパの病人だった1990年代のドイツがいかに復活したか、理解する上で大事だと私が思っていることなのですが、大規模な製造業がベースです。もちろん、ドイツの一部地域では徹底的なリストラを伴う経済再建が続いていますが、ドイツは何とか強い製造業を維持することができました。製造業はまさに大都市圏の外で発展させられるセクターなので、周辺部や地方の発展を考える際に重要だということです。もちろん構造的な変化はありますし、サービス業も存在しますが、地域の経済発展を考えるとき、製造業は依然として重要だというのが私の考えです。

　三つ目のポイントは、私たちドイツ人にとってもちょっと驚きなのですが、ヨーロッパの非常に厳しいマクロ経済環境にもかかわらず、ドイツはここ数年非常に安定した、驚異的な経済成長を達成しています。EU、特にユーロ圏には、ユーロ危機がありますから、これは大きな意味があります。このような厳しい環境にあっても、ドイツは何とか再び成長に転じ、失業率を大幅に低下させることができました。

　雇用に関しては、ドイツが直面する厳しい環境を考えると、ドイツは第2の「奇跡の経済」を経験していると言う専門家もいます。個人的には、これが本当に第2の「奇跡の経済」かどうかは分かりません。最初の「奇跡の経済」は、皆さまもご存知のとおり、ドイツが第二次世界大戦から立ち直った1950年代と1960年代に起こりました。ほぼ20年にわたって、非常に高い成長率が続きました。今、一部の専門家にはドイツが2度目の「奇

跡の経済」を経験していると言う人さえいます。私はそうは思わないのですが、部分的にはそうかもしれません。後ほど、幾つか証拠をお見せしたいと思います。

　次いで、現在の地域発展のネガティブな側面についてお話します。これは何かというと人口の変化です。急速に人口が高齢化すると将来どうなるのか。これは日本でもとてもよく似た状況でしょう。ドイツでは、2025年以降、ベビーブーマー世代である私の世代が定年になり、それを埋めるほどの若者の労働力がないため、非常に急速に労働力が減少していきます。ドイツの人口はまだ減少に転じていません。まだ減少していませんが、10年か20年のうちに減少に転じるでしょう。これは確実に今後の課題となります。

　もう一つお話しておきたい課題は、基本的にドイツの西側と東側の間で依然として経済成長の不均衡が存在するということです。一部で改善も見られますが、依然としてドイツ国内の地域間の結束を強めるのに苦労しています。

１．都市圏と地方周辺地域

　まず、「都市圏と地方周辺地域」についてのお話から始めたいと思います。これはドイツの中心都市、それからドイツの大都市部へのアクセスを示したものです。ご覧のとおり、ドイツでは全国各地にかなりバランスよく都市が存在することがお分かりいただけると思います（図２）。シュトゥットガルト、ミュンヘン、フランクフルト、ケルン、ベルリン、ハンブルグといった大都市が国中に存在します。地方に住んでいてもかなりアクセスしやすくて、１〜２時間で行けますから、ほぼ通勤圏と言えます。都市中心部から非常に離れた本当の周辺地域というのは、ドイツにはありません。これはもちろん、近代の成果ではなく、ドイツの歴史の遺産です。ドイツは19世紀に建国された非常に新しい国だからです。それまでは各地の王や君主が支配していて、1870年代にようやく一つの国になりました。ですから、依然としてドイツでは地域の力がとても強くて、各地域に強い中心部があります。そして各地域に独自の経済基盤があるのです。これは地域発展を考える上で、確実に役に立ちます。

図2 地理的構造：都市中心部と人口密度

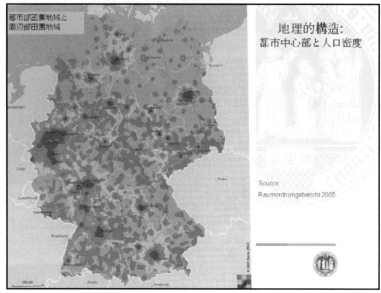

図3 再編過程で問題を抱える地域の例

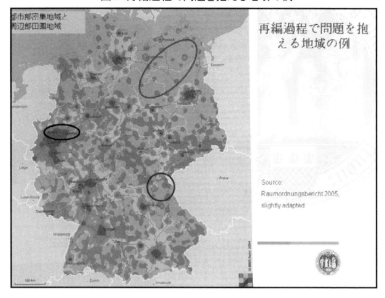

しかし、それでもいろいろなタイプの問題地域があります（図3）。タイプの違いだけ指摘しておこうと思います。こちらのドイツ北東部の緑の丸は、農業の雇用が減少している典型的な地方の状態を示しています。林業の雇用も減少していますが、基本的には農業が大部分です。経済を成長させたり、別の雇用を生み出すために代わりとなる産業を発展させるのが非常に難しいといえます。多分、ドイツで最も困難を抱えている地域ですね。南はベルリンから、北はバルト海にかけての地域です。主にブランデンブルク州とメクレンブルク＝フォアポンメルン州に、このような典型的な周辺地域に問題があります。

もう一つの問題地域は、西部の黒い丸で示されている地域です。これはルール地方です。古くからの工業地域で、製鉄、石炭産業があり、今大規模なリストラに直面しています。このような古い産業は大幅に失われて、サービス産業などで新しい雇用を生む基盤を整えるのに非常に苦労しています。こういう問題があるのはこの地域だけではないですが、ここは完全に都市化されています。かつて非常に工業化された地域で問題に対処しなければなりません。現在、最も失業率が高い地域の一つですね。景気のいいケルンやデュッセルドルフの北、東のドルトムント、エッセンから西のデュイスブルクにかけての地域がそうです。

三つ目のタイプの問題地域の一例が、赤い丸で示した部分です。これはバイエルン北東部です。この地域はオーバーフランケンと呼ばれていて、古い産業ベースの中小都市が多くあります。主な産業は陶器や繊維です。陶器や繊維産業の雇用は発展途上国や外国に行ってしまい、この地域でこの種の産業を維持するのは非常に難しくなっています。ここは地方ではありません。中小都市がありますが、雇用の厳しいリストラに苦しんでいます。こういう地域に雇用を取り戻すのはとても大変なことです。全国レベルでは景気動向が好調であっても、依然として深刻な問題を抱えている地域があるのです。

2．絶えず続くリストラ、しかし依然として製造業が重要

では、二つ目のポイント、「絶えず続くリストラ、しかし依然として製造業が重要」ということをお話ししたいと思います。これは、1991年から

2010年までの間の、さまざまな経済セクターの付加価値の割合を示した図です（図4）。ご覧のとおり、赤い線が製造業です。もちろん、いくらか変化はあります。1990年代初めは製造業の付加価値は約23%でした。今は減少して約21%です。これは大きな変化ではなく、依然として安定していると言えます。ご覧のとおり世界的な金融危機の後、ここ数年で再び製造業が持ち直しており、この傾向が続いています。

ですから、ドイツは他の国、北米や西欧の先進国とは異なり、少なくともある程度は何とか製造業の国であり続けることに成功していると言えるでしょう。もちろん、製造業ベースがこんなに落ち込んでいるのはリストラのせいだけではありません。アウトソーシングによるものでもあります。1990年代初めには依然として製造業の内部にあった業務が、今ではサービス供給企業などに外注されています。つまり、付加価値は21%だけですが、計算の仕方を変えれば恐らくはるかに高くなるでしょう。従って、製造業は依然として重要なのです。

ですが、1991年に東ドイツとの統合が起こり、旧ドイツ民主共和国の多くの地域では、あっという間に産業力が失われていきました。東ドイツの一部地域では、製造業の全雇用の約90%が1〜2年で失われ、急速に工業

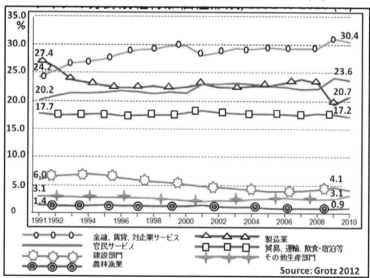

図4 ドイツの分野別粗付加価値形成　1991〜2010（%）

図5 東西ドイツの粗付加価値形成に対する製造業の寄与度　1991〜2010

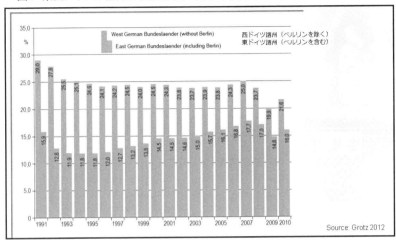

を失ってきました。ただ、ここ数年を見てみると、回復のプロセスがあることが分かります。

　これは、東ドイツと西ドイツに分けて、製造業の貢献度を粗付加価値から示したものです（図5）。依然として差があり、製造業は西のほうが強いですが、1990年代半ばから、ゆっくりではありますが東側の発展の動きが見られます。従って、工業化した西側と非工業の東側で依然として差はあるものの、その差は以前ほど大きくはないことが分かります。

　統一直後の1990年代は経済構造の変化があり、1992年から2002年までの間に製造業の雇用が変化しました。これは1990年代に起こったことですが、黄色が増加、青が減少を示しています（図6）。ご覧のとおり、製造業の雇用は増加していますが、大都市や大都市圏内だけではなく、バイエルン州やバーデン＝ヴュルテンベルク州全域の中規模な都市でも増加しています。こういう成長している地域は、中規模な都市周辺エリアです。製造業は大都市圏外の地域発展を安定させており、この地図からそれがはっきりと読み取れます。

　この地図には濃い青の部分があります。これは東ドイツの南部、ドイツ民主共和国の時代には高度に工業化され、その後製造業の雇用が多く失われたライプツィヒ周辺の地域です。東部の濃い青の地域、ここではたった

図6 製造業雇用者数の変化 1992〜2002

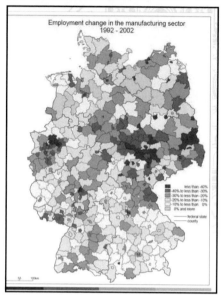

1年で製造業の雇用の90%が失われました。また、古くからの工業地帯であるルール地域も、製造業の雇用が失われていることが分かります。

興味深いのは、黄色の部分です。地方の、中小規模の都市ですが、現在製造業がうまくいっている地域です。製造業の雇用は大都市圏では成長していません。大都市圏の外で成長しているのです。製造業の大規模な集積は、地方都市の経済状況を安定させています。

「分かった、製造業は大事だ」。ドイツは何とか製造業の国であり続けているとなると、そのバックボーンは何だろうか。どのような産業が製造業におけるこのような力を実際に生み出しているのだろうかという疑問が出てくるでしょう（図7）。

もちろん、そのうちの一つは自動車です。例えばシュトゥットガルト地域、バーデン＝ヴュルテンベルク州やオーバーバイエルン、ミュンヘン周辺、インゴルシュタットには非常に強い自動車クラスターがあります。シュトゥットガルトはポルシェとメルセデス、オーバーバイエルンはBMWとアウディ、ニーダーザクセンはVWですね。ここでも、こういった自動車製造クラスターが、少なくとも西ドイツ側では全域に均等に分布して

図7 ドイツ製造業の背骨

1. 自動車（強い自動車クラスター、例：シュツットガルト地域、上バイエルン、下サクソン）

2. 機械、機械エンジニアリング (主要クラスターは、バーデン・ビュルテンブルグとノルトライン・ヴェストファーレン州に存在)

3. 化学および製薬工業 (強いクラスターが、例えば、ケルンその周辺部とマンハイム/ルーヴィックスハーフェンに存在)

4. 電気エンジニアリング(例：バイエルン、バーデン・ビュルテンブルグ、しかし、その他国内の多くの地域にも)

いるのが分かると思います。

　同じことが機械類、機械工学にも当てはまり、これらは非常に輸出志向が強くて、二つ目のバックボーンになっています。こういう産業が集中している地域が二つあって、バーデン＝ヴュルテンベルク州とノルトライン＝ヴェストファーレン州です。でも、他の地域にも非常に輸出志向が強い、現在ではアジアへの輸出志向が強い小規模な機械工学企業があります。それから、主にケルン地域に化学・製薬クラスターがあります。ケルン周辺の方が恐らくヨーロッパで一番重要なクラスターだと思いますが、ライン川沿いの他の地域にもあります。それに電子工学もあります。

　唯一、化学産業は一つか二つだけの地域に集中していますが、他の製造セクターは全て、少なくとも西側では、かなり均等に分布しています。

　これは一つの例です。大手自動車メーカーの大規模な組み立て工場です。全国に、かなり均等にクラスターとして分散しているのがお分かりいただけると思います（図8）。

図8　ドイツ自動車産業：組立工場と主要生産施設の立地

　ドイツの製造業の主な特徴について見てみると、一つ重要なことは、これらの企業は非常に輸出志向が強いということだと思います（図9）。国内市場のために生産しているのではなく、時には90％、89％、95％が輸出されています。これは製造業に限ったことではないですが、製造業では輸出志向が強いというのはとても典型的なことです。

図9　ドイツ製造業の主な特徴

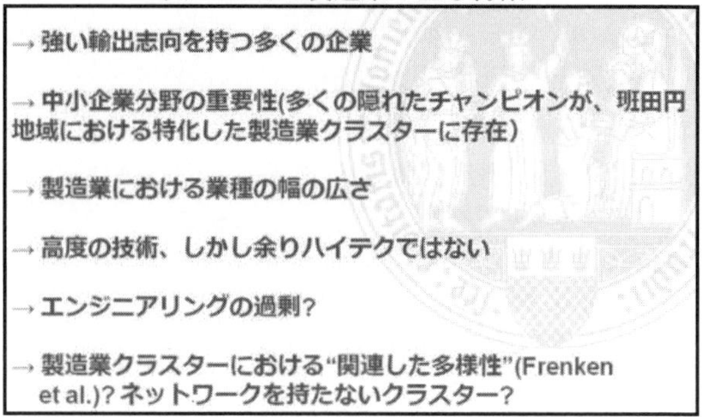

- → 強い輸出志向を持つ多くの企業
- → 中小企業分野の重要性(多くの隠れたチャンピオンが、斑田円地域における特化した製造業クラスターに存在)
- → 製造業における業種の幅の広さ
- → 高度の技術、しかし余りハイテクではない
- → エンジニアリングの過剰?
- → 製造業クラスターにおける"関連した多様性"(Frenken et al.)?ネットワークを持たないクラスター?

　さらに、現在もっと重要なことは、ドイツには強い SME セクターがあるということです。中小企業というのは、ドイツ製造業パターンにおいて非常に重要です。隠れたチャンピオンという言い方をしますが、従業員が30人、40人、50人、せいぜい100人くらいの小企業が、ニッチ市場でとても競争力を持っているのです。こういう企業は、小さなニッチ市場だけに集中して非常に競争力があるので、隠れたチャンピオンと呼ばれています。一般の人には知られていないけれど、その分野では世界のトップ3に入るような企業であることが少なくないのです。

　これは比較的広範囲のさまざまな分野の製造産業で見られますが、もちろんウィークポイントも幾つかあります。ドイツは高度な技術ではかなり強いですが、ハイテク産業はかなり弱いといえます。従来の伝統的な製造業からハイテク製造業への転換は、ドイツにとってなかなか難しいものです。それというのも、ドイツは自動車とか機械など、高度な技術に非常に集中していて、真にハイテクなセクターでははるかに弱いからです。

　もう一つのポイントは、ポール・クルーグマンが1990年代に指摘した点ですが、過剰性能の危険性です。これはドイツ企業の弱点です。時に、誰も問題にしていない課題を解決し、誰も尋ねていない質問に回答することがあるということです。特に機械産業はエンジニアリング主導で、新しいイノベーション、新しいソリューションを生み出そうと常に努力しているわけですが、そういった新製品が世界の市場にはなかなか売り込めないということがあります。例えば多くのアジアの国々、中国やベトナムですね。こういう機械類は複雑すぎて、欧米以外の地域では企業がそんな機械を必

要としないからです。

　最後のポイントは、「関係的多様性」(related variety) の問題です。これはここ数年、特にオランダの研究者が取り上げている概念です。単一構造（monostructure）というのは、昔ながらの工業国に見られるものです。これは危険だけれども、一方で互いに関係のない製造セクターがたくさんあっても良いというわけではない、その中間が必要だということが言われています。製造業の中で、互いにいくらか関連性のあるバリューチェーンが必要だということです。これは一部の地域で起こっています。例えば、ミュンヘン地域では確かに「関係的多様性」の話をすることができます。しかし、他の製造業が盛んな地域では、こういう「関係的多様性」が欠けています。

　もう一つ気づいたことは、最初のスライドでご覧いただいたとおり、ドイツには強い製造業のクラスターがありますが、それらは関係性がかなり低いということです。国内のあちこちにクラスターがありますが、そこにはネットワークはなく、これは地域の成長や経済成長を推進しようとする上で最善の状況とは言えないでしょう。ですから、強い製造業はあるとしても、そこに弱点もあるということです。

3．安定した雇用の成長、しかし依然として残る空間的格差

　次のポイントは、「安定した雇用の成長、しかし依然として残る空間的格差」という話です（図10）。1970年代から2013年までのドイツの成長率を見てみると、成長が減速しているのが分かります。長期的な傾向としては、成長率がどんどん低くなっています。左端の2本の線は、10年間の平均を示しています。年成長率の平均を見ると、長期的には減少しているのが分かります。しかし、去年を見ると、2010年から2013年までの世界的な金融危機の後、このパターンが変わったと言えるかもしれません。次の10年の平均は年平均成長率が2％くらいになるかもしれないのです。確かに、これはごくわずかな変化ですが、復調であることに変わりはありません。長い間言われてきた、ドイツ経済の下落の延長ではないのです。実際、目に見えて変化があります。3％ないし、最近では多くの年で2％ですが、ユーロ危機にもかかわらず、そして世界的な金融危機の間の景気低迷に

図10 ドイツの経済成長率　1950〜2013年（％）

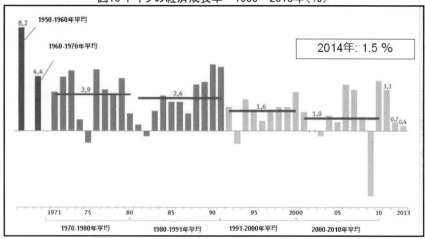

図11 ドイツにおける雇用者数の変化　1991〜2013年

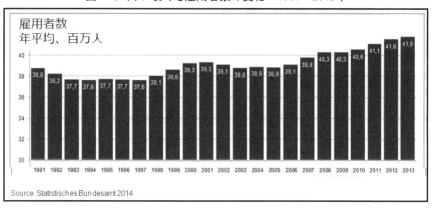

もかかわらず、このような成長率を記録しました。そんなに高い成長率ではないですが、いくらか安定した成長率に回復しました。

　ドイツにおける第２の「奇跡の経済」に関する議論のベースになっているのは、雇用の活況です（図11）。2005年くらいからほぼ毎年、コンスタントに雇用が伸びています。かなり雇用が増えていて、これは確実に他のヨーロッパ諸国の状況とはかなり違う状況だと言えます。

　長期的に見てみると、この左側ですが、1950年代から60年代のドイツの

最初の経済奇跡の時代は、失業率が下がっています（図12）。右に行くと、2005年以降のポジティブな傾向が見られます。この雇用の伸びは、アジアの多くの国の経済と比べるとそんなに華々しいものではありませんが、1970年代半ばからのドイツの歴史的な経験からすると、変化であります。ドイツでは当時、不況になるたびに失業率が高くなっていましたが、明らかにその傾向が止まっており、これは重要なことです。依然として約6～7％という失業率になっていますが、他のヨーロッパ諸国に比べると明らかにとても低く、労働市場が比較的安定しています。

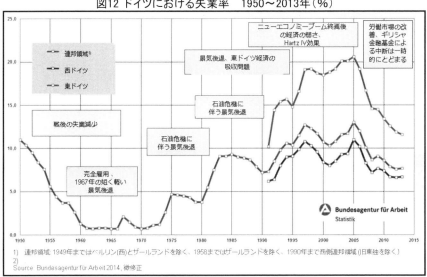

図12 ドイツにおける失業率　1950～2013年（％）

なぜドイツがここ数年以前より高い成長率を達成しているのか、労働市場でこのようなポジティブな展開が見られるのか、恐らくさまざまな理由があるでしょう。最もポジティブな理由は、間違いなく、2005～2006年以降の改革パッケージです。当時の社会民主党のゲアハルト・シュレーダー首相が、ドイツの労働市場にフレキシブル化プログラムを導入しました。もちろん、その代償もあります。新しく生まれた雇用は多くがパートタイムや臨時雇用で、不安定雇用と呼ばれることさえあるからです。従って、これらの新しい雇用の全てが正規雇用ではないのですが、変化が生まれ、フレキシビリティが高まったことで、雇用の増加につながりました。

図13 都市と郡部の失業率：2014年平均

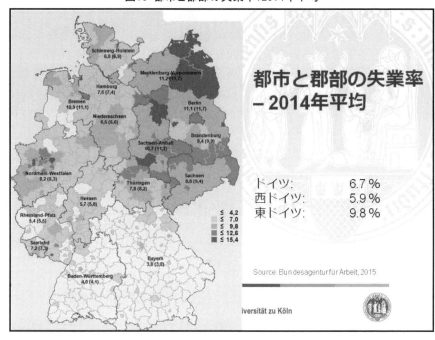

図14 ドイツ経済における労働コスト、生産性および単位労働コスト　1991〜2010年

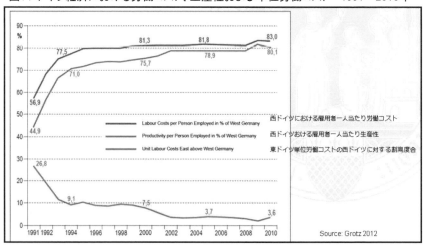

地域発展とそのメカニズム（ドイツ）

　もう一つのポイントは、ドイツ南部に雇用が集中しているということです（図13・14）。バーデン＝ヴュルテンベルク州とバイエルン州は、ほとんど完全雇用の状態です。これは2014年の数字なので、かなり新しい数字です。ドイツ南部では失業率が約４％ですが、東部や北東部では依然として失業率が高くなっています。つまり、労働市場は改善されていて、かなり大きく改善されているわけですが、問題の一つはパートタイム雇用、臨時雇用が多いということ、そしてもう一つの問題は東側と西側の格差が依然として非常に大きいということです。このことは、雇用の成長が国の南部に集中しており、北部ではあまり成長が見られず、北東部ではほとんど雇用が生まれていないということ意味しています。

　しかし、より長期的に見てみると、この地図ではあまり細かいところまで触れませんが、濃い色は失業率が高いところ、薄い色は失業率が低いところを示しています（図15）。矢印は、長期的に見たときの傾向です（上向きは上昇、下向きは下降）。ここでも、空間的な格差が見られます。労働市場は、少なくとも統計的には大幅な改善が見られるわけですが、この東西分断が依然として続いていて、その解決は簡単ではありません。

図15　地域労働市場の動き

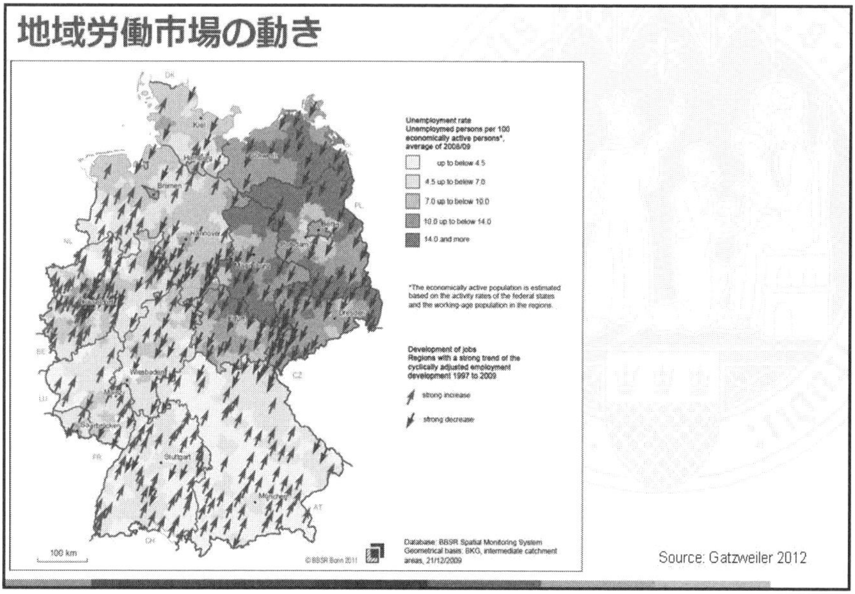

図16 ドイツの世界競争力指数　2014/2015

Global Top 10 The Global Competitiveness Index 2014-2015		Global rank*
Switzerland	スイス	1
Singapore	シンガポール	2
United States	アメリカ	3
Finland	フィンランド	4
Germany	ドイツ	5
Japan	日本	6
Hong Kong SAR	香港	7
Netherlands	オランダ	8
United Kingdom	英国	9
Sweden	スエーデン	10

部門別ランク抜粋	
ビジネス高度化：	3
市場規模：	5
イノベーション：	6
インフラ：	7
技術的提供能力：	13
制度：	17
マクロ経済環境：	24
労働市場の効率性：	35

Source: The Global Competitiveness Report 2014-2015
Note: * 2014-2015 rank out of 144 economies

　ドイツの国際競争力指数（Global Competitive Index）を見ると、ここでも改善が見られます（図16）。依然として弱いところもありますし、これは各国の競争力を新古典派的な見方で見たものであるということも認めないといけません。それでも、ドイツは今世界ランキングで5位です。素晴らしいというほどではないですが、悪くないですし、もはやヨーロッパの病人ではない、ヨーロッパで一番問題を抱えた国ではないということは確かでしょう。実際、多くの分野で改善が見られます。これは、この国際競争力指数の一部のサブ指数のランキングです。ドイツはビジネスの洗練度、市場規模で順位が高いです。人口8,000万人で、大きな国内市場がありますし、ヨーロッパの単一市場もあるので、市場規模は優れています。イノベーションも悪くありません。インフラもまあまあです。しかし、依然としてウィークポイントもたくさんあります。興味深い点は労働市場の効率性です。ドイツはいろいろな点でフレキシブルな労働市場を持っているのですが、世界の他の国と比べてみると、ドイツは依然として非常に過剰な規制があります。ですから、労働市場はこのようなランキングで批判の対象になります。つまり、いくらか改善が見られるけれども、ハイテク分野、制度、かなり規制過多な労働市場の面で不十分な点が見られます。

　地域経済の成長促進に役立つ、第2の経済奇跡は存在するのでしょうか。部分的にはイエスと言えると思いますが、たくさんの「しかし」、たくさ

んのネガティブなポイントが依然として見られます（図17）。ドイツにとって最も重要なのは間違いなく、西側と東側の依然として大きな格差でしょう。東側による追い上げプロセスは進んでいますが、非常にゆっくりです。1990年代初めの方がはるかに期待が大きかったのですが、その後は期待もしぼんでしまいました。

図17　第2の経済奇跡？

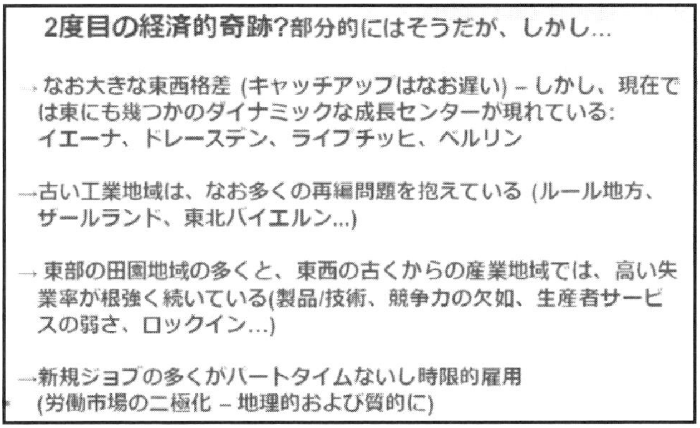

```
2度目の経済的奇跡？部分的にはそうだが、しかし...

→なお大きな東西格差（キャッチアップはなお遅い） ‒ しかし、現在で
  は東にも幾つかのダイナミックな成長センターが現れている：
  イエーナ、ドレスデン、ライプチッヒ、ベルリン

→古い工業地域は、なお多くの再編問題を抱えている（ルール地方、
  ザールランド、東北バイエルン...）

→東部の田園地域の多くと、東西の古くからの産業地域では、高い失
  業率が根強く続いている（製品/技術、競争力の欠如、生産者サービ
  スの弱さ、ロックイン...）

→新規ジョブの多くがパートタイムないし時限的雇用
  （労働市場の二極化 ‒ 地理的および質的に）
```

しかし、ドイツの東側にも、ポジティブな展開が見られる灯台エリアとでも呼べるものがあります。これは主にイェーナ、ドレスデン、ライプツィヒなどの都市です。もっと最近では、ずっとドイツの病人だったベルリンもです。ベルリンはここ数年文化産業の集中に伴い、非常にポジティブに発展しています。

ですから、依然として見られる旧東ドイツの高い失業率の海の中にも、ところどころに成長の島が見られるようになっています。これはそんなに難しいことではありません。統一からほぼ25年経ち、旧東ドイツの地域を発展させるのにどれだけ時間がかかるのか分かりますが、それでもここ数年を見てみると、ポジティブな経済発展の傾向が存在することが分かります。

それから、依然として古くからの工業地帯で問題を抱え、リストラを進めている地域があります。先ほど地図でご覧いただきましたが、地方、この島のような部分ですが、バイエルン州の北東部は、古くからの工業部門で雇用が失われています。

4番目に、多くの地方、特に東側で、高い失業率がずっと続いています。

幾つかポジティブな部分が見られるのですが、西側にも、製造業中心の経済からサービス業中心の経済への再編が遅々として進まないことから、ネガティブな部分が存在します。製造業は古い技術、古い製品、競争力の欠如、弱い生産者サービスといった問題を抱えています。一方で、サービス産業は十分な速さで発展していません。それから、国内の一部地域、最も顕著なのは地方だと思いますが、一部の地域では政治と経済の間で凝り固まったネットワークにロックインされているという問題があります。これは、古い技術や古い製品、古い製造セクターがあるというだけでなく、新しい雰囲気を作り出せない、新しいものを生み出す環境を作り出せないという問題でもあります。こういう古いネットワークがあるせいで、一部地域での新しい経済発展が阻害されているのです。

　最後のポイントは、先ほど触れた、労働市場改革のコストです。特に女性の間で、たくさんのパートタイムや臨時雇用が生まれました。その結果、労働市場が二極化しています。これはとても重要なことです。労働市場において、正規の雇用を持っている人はドイツでは非常に手厚く保護されますが、若い人がその労働市場に入ることは時として非常に難しく、高等教育の学位がないとさらに難しくなっています。学歴が低いと、労働市場に入っていくのがさらに難しいのですね。それでも、全体的な傾向はポジティブです。

　続いて「人口の変化」についてお話したいと思います（図18）。これは、ドイツにとって今後とても大きな課題になります。人口が高齢化し、そして恐らく数年後には、人口が減少に転じます。現時点では、人口の減少は

図18　人口の高齢化と減少

→ 全般的な人口減少傾向

→ 出生率の低さ　（女性1人当たり1.4人出生）

→ (地域の)人口増加は完全に他地域からの流入に依存

→ (緩やかな) 成長地域と 減少地域の間の著しい格差
　（都市部密集地域 – 田園地域、 東部-西部）

→ 労働人口が減少するもとで、いかに競争力を保つか？
　社会保障制度の将来　（年金、健康保険など）？

話題になっていません。ドイツは非常に多くの移民を受け入れているからです。現在のところ、米国に次いで２番目なのですが、米国はドイツよりはるかに大きな国です。そういうわけで、今のところは移民がたくさんドイツに来るので人口が減少していないのですが、今後はどうなるか分かりません。10年後、20年後には変わっているかもしれません。

　いずれにせよ、ネガティブな人口変化の流れがあります。出生率は安定していますが、かなり低く、女性一人に対し子供は1.4人です。人口を安定させたければ、完全に移民に頼るしかない状況なのです。地域発展にとっても、人の移動のバランスが重要になっています。常に生まれる子供より死ぬ人の方が多く、大幅な自然減が見られるため、どの地域も労働市場のために移住者を惹きつける必要があります。流入する移住者をいかに定住させるかというのが今後の大きな課題になるでしょう。そうでなければ、10年か20年したら労働力が崩壊してしまうからです。ドイツは完全に移民に頼り切っていて、そのこと自体は問題ではないのですが、移民が帰ってしまったり、移民率が下がってしまえば、多くの地域でもっと困った状況になってしまいます。国内での移住にしろ、外国からの移民にしろ、私たちは移民に頼り切っています。

　それから、1990年代からの新しい流れとして、都市中心部の人口が増加しています。特に大都市圏の中心部や、中核都市で人口が増加し、多くの地方で人口が減少しています。これは東側でも西側でも同じですが、東側の方がさらに顕著です。

　問題は、労働力が減少する中で競争力を維持するにはどうすればいいか、そしてこの労働力は今から10年くらい後には確実に減少を始めるということです。今から10年後、15年後には、地域における労働力をいかに維持するかが大きな問題になると、私は確信しています。地域で働く人がいなくなり、労働力の奪い合いになるということです。

　そうなると、ドイツは経済史において新しい段階に入ると思いますが、他の国でも、特に日本では確実だと思いますが、労働力が経済発展の阻害要因になっていきます。若いイノベーティブな人材をどのように地域経済に惹きつけるかというのが数年後には大きな課題になるでしょう。従って、労働力が阻害要因になるのです。企業はイノベーティブな人材を確保するために競い合うようになるので、失業率は多分下がるでしょう。

図19 地域人口の変化予測　2010〜2030（都市および郡部）

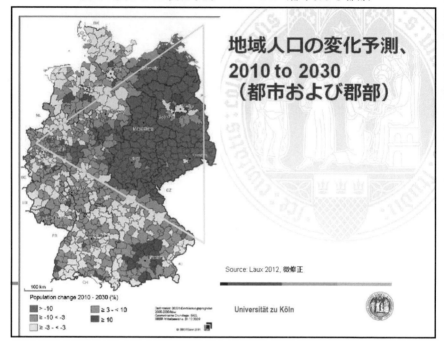

　2010年から2030年のドイツの人口の変化の予測ですが、青が減少、赤が増加を示しています（図19）。ご覧のとおり、今から2030年にかけては、ドイツの一部分が完全に青くなります。北部を中心に人口が減少する地域が三角形になっているのですが、ベルリンだけ例外になっています。ここだけは人口が増加しています。人口が減少するのは東ドイツだけではありません。ベルギーとオランダと国境を接している西側に向かって人口が減少します。このように、人口が減少している三角形の地域があります。ご覧のとおり、人口の減少が予想される地域がかなり広範囲に連続しているので、これは確実にとてつもない課題になるでしょう。このことは、労働力になる人口がますます少なくなるということも意味します。東から西にかけてのこの三角形の中には、ほとんど例外がないことも分かります。
　このスライドについては詳しく触れませんが（図20）、人口が減少する、労働力になる人口が減少するこれらの地域の多くでは、雇用の喪失、高い

地域発展とそのメカニズム（ドイツ）

図20 成長と縮小のサイクル

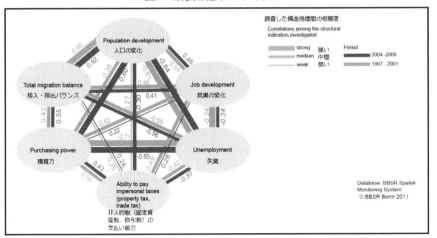

図21 ドイツにおける人口成長および人口減少地域

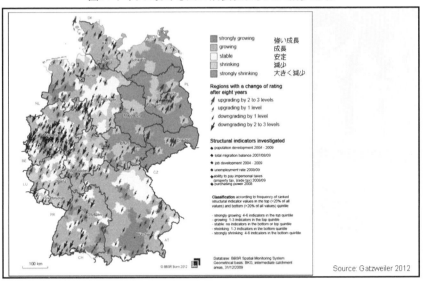

失業率、税基盤の弱体化という悪循環に陥ります。これらは全て相関関係があります。そんなに重要ではないのですが、このような悪循環があってもポジティブになれる地域もあれば、非常にネガティブな状態に陥ってし

まう地域もあります。地域の経済発展の指標となるこういう指標が全て下落してしまうのです。

このことを地図に移してみると（図21）、違う指標になりますが、ここでは詳しく触れません。ここでも、東側の人口が減少する三角形地帯が、ルール地方やオランダ、ベルギーと国境を接する西側まで、国を横断して広がっていくのが分かります。小さな島の部分が幾つかありますが、国内の大部分がこの経済と人口の縮小に含まれています。

4．大都市と都市経済の再生

このスライドは、日本にとってはそんなに驚くことではないかもしれませんが、ドイツにとっては驚異的なことで、大都市の再生を示しています（図22）。歴史的に、ドイツの大都市は1960年から1990年代半ばまでずっと人口が減少していました。1960年代半ば、1970年代、1980年代は地方分権の時代だったのです。地方、半都市化地域で人口が増え、雇用が増え、大都市からの大規模な流出が見られました。これが、ほんの数年で、すっ

図22 ドイツ大都市における雇用増　1997～2002年

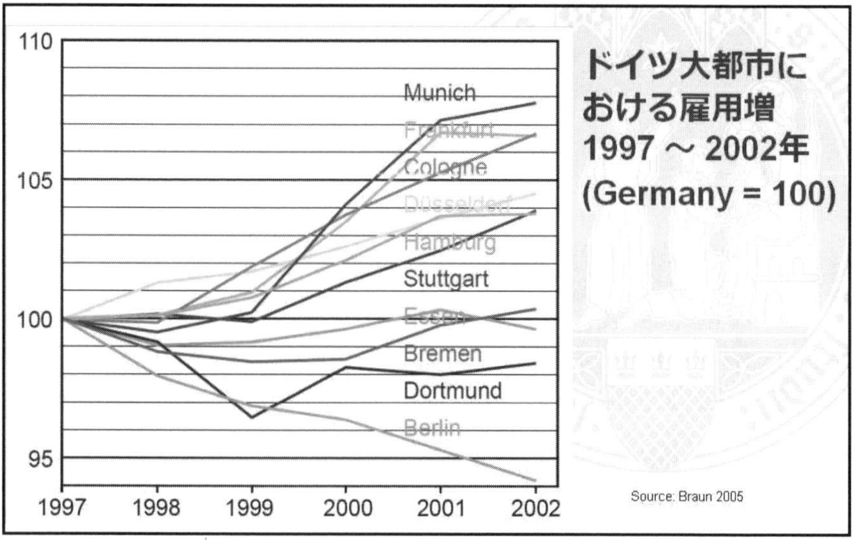

かり様変わりしています。

　このグラフは、1997年から2002年までの様子を示しています。1990年代後半に、ドイツの空間発展におけるこの新しいトレンドが初めて観察されました。大都市の人口が再び増加するようになり、雇用も増えたのです。これは、中心部に50万人以上の住民がいるドイツの都市を全て示しています。つまり、都市圏で見ると300万～500万くらいですが、中心部は人口50万人くらい、あるいはそれ以上の都市、または都市の集積です。1990年後半から、多くの都市でポジティブな傾向になっているのが分かります。それまでは、1960年代初めからずっとネガティブな傾向でした。それがポジティブな傾向に変わります。最も顕著な例は、ミュンヘン、フランクフルト、ケルンで、1990年代半ばから雇用が非常に高い成長率になり、都市経済が再生しています。これは、30年、40年前のドイツの経験とは完全に異なる状況です。

　もっと最近の、2006年から2010年のデータ（図23）を見ると、この傾向が続いていることが分かります。2000年代初めの不況のときに一度この流れが止まりますが、再び大都市の急速な成長が始まりました。変化が分か

図23　ドイツ大都市における雇用増　2006～2011年

都市	雇用増 (%)
Leipzig	17.3
Dresden	14.1
Hamburg	12.9
Berlin	12.5
Cologne	12.5
Nuremberg	11.8
Frankfurt	10.8
Munich	9.9
Bremen	9.6
Düsseldorf	9.0
Dortmund	8.5
Stuttgart	8.0
Hanover	7.4
Essen	6.7

Source: based on data of Initiative Neue Soziale Marktwirtschaft 2012 and Bundesagentur für Arbeit 2015

ると思います。東ドイツの都市が今一番都市の雇用の成長率が高くて、ライプツィヒ、ドレスデン、そしてベルリンもトップを占めています。これは1990年代に経験した状況とは完全に異なるものです。東ドイツの多くの地域で見られる後退の海の中に、こういう発展を遂げる都市の島があるということです。また、ケルンなどの都市も依然として雇用の成長率が非常に高いことが分かります。2006年から2011年の間に12.5％に達しました。都市経済が回復し、ますます強くなっているのです。これは日本では普通のことかもしれません。東京は他の地域に比べて成長率が高いのが当たり前ですからね。でもドイツにとっては、これはかなり新しいプロセスでした。

　例えば、ケルンを見てみると、ここは私の大学がある都市ですが、とても興味深いことに、労働市場は非常に高い成長率になっているのに、依然として失業率が高くなっています。一方で高い雇用の成長率があり、他方で高い失業率があるという矛盾した状況になっていて、ケルンはとてもいい例だと言えるでしょう。また、ベルリンもこの傾向を説明するいい例です。つまり、雇用が失われる古いセクターがある一方で、雇用を生み出す新しいセクターがたくさんあるのですが、必ずしも失業者にマッチする雇用ではないというミスマッチがおこっているのです。新しく生み出された雇用は、国内の別の場所から来た人が担っているのです。例えば、ケルンのメディア産業、ケルンは今恐らくヨーロッパで最大のテレビ番組制作拠点になっていますが、そこで働いているのはかつて自動車工場とか化学工場で働いていた人たちではありません。完全に違う人たちなのです。ですから、昔からの失業者がいる一方で、非常に高い雇用の成長率になっています。その高い成長率は、この都市に失業者はいないという意味ではないのですね。依然として失業者も存在しますから、いろいろな面でこの労働市場の分断を示すとても興味深い例だと言えるでしょう。

　では、ドイツにおいてこれらの都市経済が再生した最大の理由は何でしょうか。詳しくお話すると時間が足りないのでやめておきますが、基本的には、明らかに都市的な性質を持った新しいセクターが経済構造の中に生まれたということです。つまり、広告とか、メディア、クリエイティブ産業で、これらは恐らく地方には生まれません。こういった産業は都市部に集中していて、今ではとても重要性が高いので、労働市場の非常に重要な

地域発展とそのメカニズム（ドイツ）

図24　都市経済復活の主な理由

> 金融、コンサルティング、観光、メディアおよび文化の高い成長率：
> - 明確に都市部の経済分野
> - 輸出可能なサービス
> - 知識経済
> - プロジェクト原理で行われる生産
>
> 人口増加、とくに若年成人の流入（学生、若いプロフェッショナル）– „創造的階級"?
>
> しかし同時に：人口増と高失業のパラドックス（例：ケルン、ベルリン）！

牽引力になっています（図24）。

　このことは、輸出できるサービスを生産しているということを意味します。ここでもケルンはとてもいい例です。というのも、ケルンは今、ヨーロッパ中にテレビ番組を販売しているからです。ドイツ語圏のマーケット、つまりスイスやオーストリア、ドイツはもちろんですが、オランダとかベルギー向けにも、ケルンでテレビ番組が制作されています。ドイツは1980年代半ばにテレビ市場が民営化されたのですが、ケルンはその絶好のチャンスを捉えて、新しい窓を開きました。2～3年くらい、この新しい窓に向かって取り組んで、今では新しいマーケットにうまく進出して発展を遂げています。

　先ほども触れましたが、これも知識産業、あるいはクリエイティブ産業です。二つ目の重要なポイントは、物やサービスを生産する方法が変わったということです。こういう新しいセクターで高い雇用の成長率が見られるハンブルグ、ミュンヘン、ケルンなどの都市には、プロジェクト生産方式で生産する新しいセクターが見られます。例えばテレビ番組の制作では、200くらいの小さな会社が6か月とか1年くらいにわたって一つのプロジェクトに取り組み、そのプロジェクトが終わるとチームが解散します。そして、また違うプロジェクトで200社が一緒に働く新しいチームができます。これは、人々が互いに顔見知りで、評判が重要な役割を果たす都市経済の方がはるかに実現しやすい方法です。プロジェクトチームは常に変わるので、この200社がお互いを知らなかったらとても大変ですが、この方式では普段付き合いのある、昔なじみのパートナーと常に仕事をすること

になります。従って、こういうセクターの生産方式は、都市的な要素を強化していると言えます。

多分、リチャード・フロリダは正しいのでしょう。将来、都市はクリエイティブな人材をめぐって競争するようになります。クリエイティブな若いプロフェッショナルの不足が、特に都市部において、都市的な地域発展を制限する要素となります。ですから、こういうクリエイティブな人材にとって魅力ある街にしなければなりません。もちろんリチャード・フロリダは全てにおいて正しいわけではなく、今ではいろいろと論争も起きていますが、労働力に関しては、今後このような競争が起こるというのは多分確実なことでしょう。

最後のポイントは、既に触れましたが、雇用の成長と高い失業率というパラドックスです。これは多くの地域に見られますが、さまざまな人材のカテゴリーで労働市場が深く分断されていることが原因です。

5．研究開発とイノベーション

では、研究開発とイノベーションに話を進めましょう。ドイツのような経済にとって、イノベーションは重要です。製造業は特に重要です。これはイノベーションの成果の状況を示したものです。これは特許出願状況です（図25）。データが古くて申し訳ありません。これは2005年のものですが、特許はその後そんなに変化していません。今もだいたい同じ、かなり安定しています。ご覧のとおり、製造業だけでなくイノベーション、基本的には製造業ですが、これもやはり同じ拠点都市に集中しています。ミュンヘンやシュトゥットガルトが非常に強く、南ドイツの幾つかのもう少し小さな都市も多いといえます。イノベーションは、一定の場所に集中しているのです。

製造業における研究開発への投資、これは製造業の企業がどのくらい研究開発を行っているかということですが、これに関するデータをご覧いただくと、ここでも同じくミュンヘン、シュトゥットガルト、ニュルンベルグ、北バイエルンが強いことが分かります（図26）。ダルムシュタットはフランクフルトの近くです。ここでも、同じ地域に集中していることが分かります。つまり、イノベーションは都市や大都市圏で起こるけれど、そ

地域発展とそのメカニズム（ドイツ）

図25 ドイツにおける特許申請　2005年

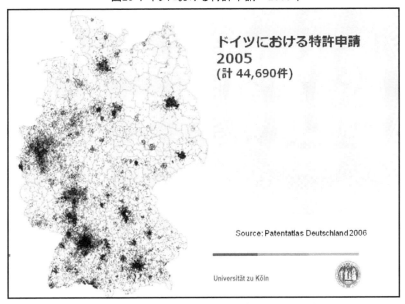

図26　製造業におけるR&D集中度（上位10地域）

製造業における R&D集中度（上位10地域）	2007の上位10地域	比率	指数*
	Munich	13.8	261
	Stuttgart	10.1	191
	Nuremberg/Erlangen	9.7	183
	Darmstadt	6.8	163
	Karlsruhe	7.7	146
	Dresden	7.7	146
	Friedrichshafen	7.6	145
	Hamburg	7.3	139
	Kiel	7.2	136
	西ドイツ	5.4	103
	東ドイツ	4.3	81
	合計	5.3	100

*R&D-集中度（ドイツ平均 = 100）

Source: Revilla Diez 2010, slightly adapted　Universität zu Köln

れが実際に応用されるのはこういう大きな拠点都市の外にある、もっと地方に位置する多数の製造企業だということです。

イノベーション活動と研究開発活動の地域パターンを見てみると、東西、そして南北で差があることが分かります（図27）。この差は非常にはっきりしていますね。研究開発に対して、特に製造業は、ドイツの南部に非常に集中していて、この差がとてもはっきりしています。

図27 イノベーションとR&Dの地域差

> 南部ドイツの都市密集地域において高い、
> 明らかな南・北、東・西格差
>
> R&Dとイノベーション活動が最も高いのは、南部の都市部と製造業センター (ミュンヘン、シュツットガルト、ニュールンベルグ／エルランゲン、ダルムシュタット、カールスルーへなど)、およびハイテク産業を持つ幾つかの半田園地域（例：コンスタンス湖地域）
>
> 東独でも、一部の地域ではR&D 支出に関しキャッチアップがみられる（例：ザクセン州）
>
> ノルトライン・ヴェストファーレン州（ドイツ産業の旧心臓部）では、R&D 活動が比較的弱い

それから、全国のうちごくわずかな地域にしか、高度な研究開発・イノベーション活動がないことが分かります。もちろん、統一後の旧東ドイツ地域では追い上げプロセスがあり、ゆっくりではありますが、確実に追い上げています。こういうイノベーティブな企業は既に旧ドイツ民主共和国の南部、特にザクセン州に移転していて、こういうポジティブな発展がみられる地域が存在します。ドイツには、ノルトライン＝ヴェストファーレン州の多くの地域のように、非常に伝統的な製造業のベースを持った地域がまだ幾つかあり、こういう地域ではイノベーションが乏しく、この差を克服するのが非常に難しい状況になっています。

6．ビジネススタートアップ

次に、ビジネスのスタートアップです（図28）。新しいスタートアップ企業というのは、あらゆる面で重要な存在です。うまくいけば新しい雇用が生まれます。新製品や新しいサービスが生まれます。製品のイノベーションを担っています。競争を刺激し、技術や組織の変化を牽引する大きな

図28

いわゆる未来志向の産業やハイテク産業における起業は、地域の経済発展ダイナミックスにとって、決定的に重要.

主なプラス効果:

・新規就業

・新しい製品とサービス (主に製品イノベーション)

・競争刺戟効果

・技術的および組織的な変化の推進力
 (幅広いスペクトラムのイノベーション)

図29 ドイツ都市部におけるハイテクビジネス起業

ランク	地域	起業密度 (2004-2006年平均)
1	Munich	0.64
2	Nuremberg	0.50
3	Hamburg	0.48
4	Stuttgart	0.46
5	Rhine/Neckar	0.46
6	Rhine/Main	0.45
7	Rhine/Ruhr	0.44
8	Hannover	0.41
9	Lower Saxony Triangle	0.41
10	Berlin-Brandenburg	0.40
11	Bremen-Oldenburg	0.36

左記の都市センターに全ハイテク起業の約60%が集中

Source: Revilla Diez 2010

雇用者1万人当たりの起業数　　Universität zu Köln

要因となっています。新しいスタートアップは、地域経済を活性化する上で重要です。

　しかし、このような新しいビジネスが集中している都市や地域を見てみると、研究開発やイノベーションの話のときに見たのとだいたい同じ地域であることが分かります（図29）。ここでも、同様の拠点都市が上がっていて、イノベーション活動や新しいビジネススタートアップが同じ場所に

集中していて、もっと地方の地域や、特に東ドイツの大部分でこのプロセスが進んでいるとはいえ、ドイツ各地に十分広がってはいません。

　ビジネススタートアップは重要ですが、1990年代にドイツは諸外国と比べて新しいビジネスの立ち上げが比較的弱いことが分かります。労働市場の規制のせいで、新しいビジネスを始める人が少なくなっているのです。そのため、ここ10年、20年ほど、地域経済学や、経済地理学でもスタートアップ研究が非常に重要になりました。この点に関してたくさんの研究プロジェクトが行われましたが、私はこういう研究から三つの重要なことが明らかになったと思います（図30）。

図30 ドイツにおける20年間の起業研究から得られた
　　　主なファインディング

```
起業活動には、強い中心部-周辺部 要素がある
(とくに、機会的起業にとって)
(大都市センターは新規起業にとっての"苗床")

1990年代の終りから、東西の起業活動の格差拡大に歯止めが
かかりつつある（東ドイツのキャッチアップ成功）

ドイツは、起業活動については、先進的な国ではない。
```

　一つ目は、スタートアップ活動では中心部と周辺部の差が依然として非常に大きいということです。これは特にいわゆる「オポチュニティ・スタートアップ」で当てはまります。私たちはいつも「オポチュニティ・スタートアップ」の比較を試みています。誰かが新しいアイデアを持っていたら、雇用が生まれるかもしれません。「必要性スタートアップ」というのもありますが、これは仕事を失ったとか、新しいビジネスを始めなければならない、そういった理由でビジネスを始めるもので、主にサービス産業に多いです。私たちの観察では、「オポチュニティ・スタートアップ」では特に、大規模な都市中心地がこういう新しい企業の母胎となっているのが明らかになりました。もっと地方の地域では、こういうポジティブなトレンドはなかなか見つけられません。

　それから、確実にポジティブなこととして、東ドイツにおいて、新しいスタートアップでかなり急速な増加が見られます。東ドイツは依然として多くの指標で遅れを取っているのですが、このスタートアップ活動では遅れを取っていません。1990年代初めは西ドイツに比べると少し低かったで

すが、その後大幅に改善しています。
　そして、三つ目のメッセージも重要です。ドイツは依然としてスタートアップの面ではあまり良くありません。他の多くの国の状況と比べると、依然として後れを取っています。つまり、ドイツ人はリスクを好む民族ではないということですね。新しいビジネスを始めるということはリスクを冒すということですが、このリスクを冒す環境、スタートアップ企業にとってポジティブな環境を作り出すことは、依然としてとても難しいです。基本的に、ドイツはこの点ではあまり成功していません。一部の地域で成功しているとすれば、それは主に大都市です。

7．追い上げの問題：1990年代のドイツの経験

　旧西ドイツと旧東ドイツの結束を改善するための、東ドイツの追い上げの話題に何度か触れてきました。この25年間で最も重要だったことは明らかに、東ドイツをどう発展させるか、人々の福利における差をどう埋めるか、失業率や賃金などの差をどのように埋めるかということでした。
　2005年から2010年半ばまでのデータを見ると、統一からほぼ15年経った後でも、都市および地域の一人当たりGDPには依然として東西で大きな差があることが分かります（図31・32）。
　こちらの地域支援プログラムを見てみると、ドイツには1960年代に策定された地域経済の発展支援という一つの基本プログラムがあるのですが、これは特にドイツの地方や周辺地域を発展させるために活用されました。詳しくは触れませんが、基本的にこれはさまざまなレベルにおいて製造業への投資に補助金を出すというものです。これは依然として東ドイツに非常に集中している、あるいはここ数年間は東ドイツに非常に集中していたことが分かります（図33）。西側から東側に大量に資金が移動し、東側でインフラへの大規模な投資が行われたのですが、他のスライドでもご覧いただいたように、結果は限定的でした。少なくとも、実際に得られた結果よりはるかに高い成果が期待されていました。
　これは特に悲しい絵です（図34）。最近のデータではありませんが、一つは1992年から1997年までの状況を示した地図です。これは不況になり、経済成長が非常に鈍かった時期です。それから1997年から2002年までのド

図31 都市と郡における一人当たりGDP 2005年

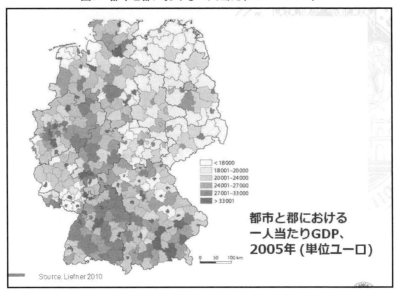

図32 EU各地域の一人当たりGDP 2007年

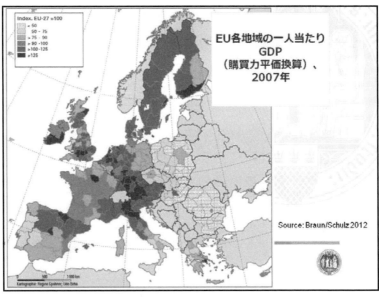

図33 GRW（地域発展支援）対象地域　2007～2013年

図34 都市および郡における雇用者数の変化　1992～1997年、1997～2002年

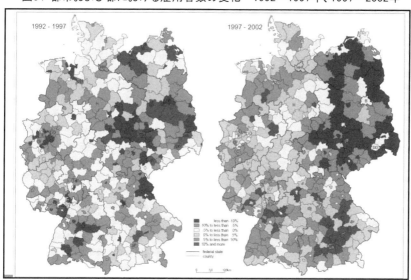

ットコムブームの時期の地図があります。この時期はドイツにおいて全体的に、高い雇用の成長が見られました。

本当に残念な状況ですが、不況の時期には追い上げプロセスがかなり遅くなったこと、しかし好景気になっても依然として差が残っていることが分かります。このことは、西側だけが好景気の恩恵を受け、東側が取り残されたことを意味します。東西をまとめ上げるソリューションが見つかり、東西でより均等な発展が見られると喜べるのは、決まって不況の時です。これはいいことではありません。大して希望につながりません。好景気になると、再び差が開きます。これが、私たちが明らかにした重要な観察点です。追い上げは見られますが、不況の時の追い上げ、それは西側が景気の牽引力を失っているから追い上げることができただけであって、東側がポジティブな方法で発展しているからではない、少なくとも全域にわたって発展しているからではないということです。

従って、不況の時の追い上げという典型的なパターンが見られるわけですが、これはある期間における地域経済発展の分断プロセスとでも呼べるでしょう。ドイツにはとても根深い構造的な問題があって、このような分断があり、不況のときには東側のポジティブな追い上げが見られるけれど、新しい雇用が生まれるときには東側の追い上げは見られません。

8．ドイツの経験から学べることは？

最後に、ドイツの経験から学べることは何か、日本にとってドイツの経験はどのようなことが興味深いか、お話しようと思います。インフラの提供は確かに重要です。私たちは東ドイツにあらゆる新しいインフラを整備しましたが、長期的な成長を支えるには不十分です。インフラは重要ですが、ただちに問題を解決するものではありません（図35）。

二つ目は、労働市場の改革も雇用の成長の前提条件として非常に重要だということです。ドイツはそのいい例かもしれませんが、空間的、社会経済的格差を削減できる保証は全くありません。これは依然として問題になっています。雇用の成長は見られますが、実際に雇用の成長を必要としている場所や地域では雇用が成長していないのです。つまるところ、全国レベルでの雇用の成長は必ずしもよりバランスの取れた空間的発展の達成に

地域発展とそのメカニズム（ドイツ）

図35 ドイツの経験から何を学べるか？－1

> キャッチアップと新しい経済構造の創設には時間がかかる－政府によるインフラ提供（道路、大学、見本市施設など）は重要であるが、十分ではない．
>
> 労働市場改革(Hartz IV)は雇用増加の重要な前提条件かもしれないが、それは地域格差の縮小を保証するものではない．
>
> 全国レベルでの経済および雇用の成長は、必ずしも地理的な発展のバランス改善を助けるとはいえない（好況時におけるデカップリング）．

は役立ちません。いくらかは役立ちますが、生活の展望や、東西の人々の展望における差を均等にできるという保証はありません。

　それから、もっとポジティブなこととして、製造業が依然として重要だということです（図36）。製造業は、先ほど申し上げたとおり、大都市圏の外で非都市地域、非集約地域を発展させる上で非常に重要です。これは間違いなく、ドイツにおける数少ないサクセスストーリーの一つであり、特にサービス業と製造業の間に補完性があることがその要因となっています。製造業は大都市圏の外で何かを発展させるチャンスを与えてくれるので、間違いなく重要です。

図36 ドイツの経験から何を学べるか？－2

> 製造業はなお重要である－製造業は、都市部密集地域以外における経済成長機会を提供し、新しい対企業サービスの成長と密接に関連している　→　製造業とサービスの補完性．
>
> 産業クラスターとクラスター・イニシアティブは地域の経済発展に貢献しうる－とくに、それが"関連する多様性"と開かれたネットワークという特徴を持つ場合には(単一ストラクチャーや全く関連を持たない産業ミックスは貢献しない)．
> →　最近の実証研究(Brachert/Titze 2012)は、関連する多様性と経済的コントロール機能（訳注：本社機能など）が結びつくことが、地域経済発展にとって最も望ましいことを示唆している．

　それから、「関係的多様性」、すなわち Boschma とか Frenken、こういったオランダの研究者の概念があります。これは的を射ているように思われます。つまり、互いにある程度関連のある産業のミックスが必要だということです。これは、地域において得られる最高の経済状況です。つまり、単一構造ではないということです。クラスターイニシアチブの一部は地域内の一つのセクター、あるいは一つのバリューチェーンを推進することに

集中しすぎていて、その多くが失敗しています。しかし、互いに関連がある異なる発展の柱をベースにすると、うまくいきます。一部の地域経済でもっと経済成長を実現するために介入したいのであれば、関係的多様性の追求が進むべき道であるというのが説得力あるポイントのように思われます。

　しかし、依然としてネガティブな要素も残っています。そのことに疑いの余地はありません。人口の高齢化は確実に深刻な問題です。それから、西側には地域発展している地域があるが、東側は依然として古い製造業のリストラで後れを取っているという問題があります（図37）。

図37 ドイツの経験から何を学べるか？－3

> 人口構成の高齢化と人口（労働人口）の減少は、将来の深刻な問題であり、そのプロセスは、今後、長年にわたり地域経済発展の大きな限定要因となるであろう．
>
> 大都市センターの中核地域は、経済変化と再構築というこれからの挑戦課題に対処するうえで、とくに恵まれた位置にある．多くの田園地域と古い産業を抱える小都市では、問題が拡大するかも知れない．

地域における観光政策の役割と課題

ピエール・ベルテッリ
Pietro Beritelli

はじめに

　スイスにおける地域開発について、政策のお話を申し上げます。特にプレゼンの中で、連邦レベルで二つのお話をしたいと思います。
　1点目は、実際に投資にかかわる法律があり、特に周辺部、山岳地帯において投資をさらに受けることができる、インフラ開発をすることができるというものです。二つ目の話は少し規模が小さいのですが、観光業に関する革新的な協力にかかわるものです。こういうお話を申し上げることによって、哲学、基本的原則がお分かりいただけると思います。連邦政府が地域にどういう支援をしているかを見ていただけるかと思います。
　最初に、簡単にスイスについてご紹介します（図1）。スイスはどんな国かご存知の方もあるかもしれませんが、背景情報をここでお話しした方

図1

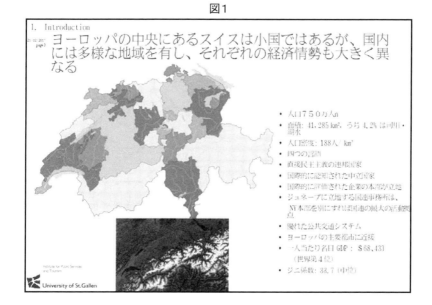

が、どんなサポートを与えられているのかをよくお分かりいただけるかと思います。

　まず、スイスは欧州中央部にある、4万km²という小さな国です。そのうちの多くは山です。ご覧になると、雪がたくさんあることがお分かりいただけると思います。人口は750万人です。スイスは直接民主制ということもありますが、それ以外に連邦政府が大きな力を持っており、これが政治システムの一環をなしています。連邦に23の州があります。皆さんの県に当たるかと思いますが、こういう州はそれ自体の徴税システムを持っています。そして、数千もの市町村があります。大きな市もあれば、小さな所もあります。このような市町村は、実際に150人ぐらいの所であっても、年末にスイス市民は税金を払います。25％ぐらいが国に納められ、残りはその州にとどまるという税金の体系になっています。地域開発の中で、特に山岳地帯の開発ということで、3層構造が大きな役割を果たしています。

1．2008年までの地域開発―IHG

(1) 地域開発の主要目標

　また、スイスはここ30年間、地域で非常に重要な経験をしてきました。簡単に地域開発法のお話をしたいと思いますが、三つの目標を持った法律で、1点目は、山岳地域の成長を促すということです。二つ目は、地域が外に頼ることを減らしていくということで、山岳地域が経済・政治・社会的な安定性を確保しようということ。三つ目は、バランス、それから平等ということがあります。

　ということで、山岳農村地域は、都市部の発展についていくことができるようにということをやっています（図2）。IHG（投資支援法）により、約15億スイスフランの金額になっていますが、この大きな基金をツールとして使って、ローンも無利息で得られることになっています。これは補助金ではありません。これは一つのツール、実際に10年・15年・20年という長期のローンで、しかも無利息です。ここが重要なところです。どのような地域社会、市町村、あるいは地方であってもこの期間が終わればもちろんそのローンは返済しなければなりませんが、こういう融資を受けることができます。

図2

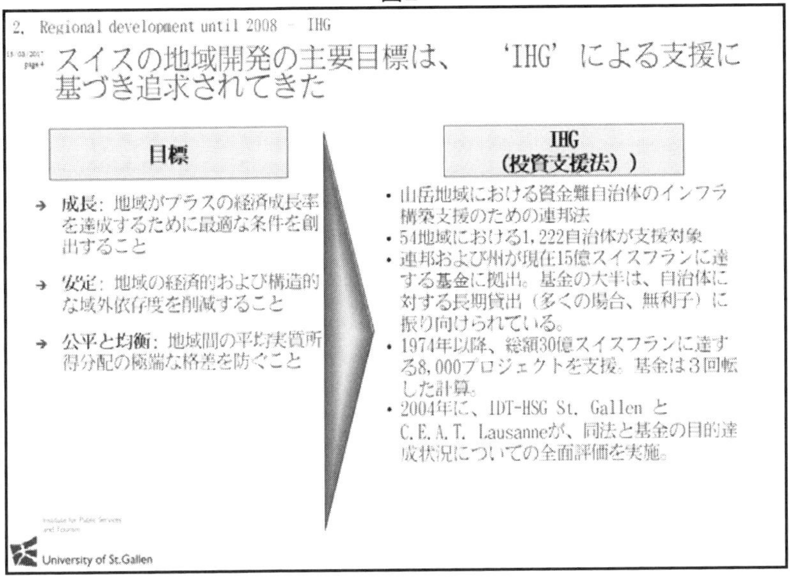

[図2: スイスの地域開発の主要目標は、'IHG'による支援に基づき追求されてきた]

目標
→ 成長：地域がプラスの経済成長率を達成するために最適な条件を創出すること
→ 安定：地域の経済的および構造的な域外依存度を削減すること
→ 公平と均衡：地域間の平均実質所得分配の極端な格差を防ぐこと

IHG（投資支援法）
・山岳地域における資金難自治体のインフラ構築支援のための連邦法
・54地域における1,222自治体が支援対象
・連邦および州が現在15億スイスフランに達する基金に拠出。基金の大半は、自治体に対する長期貸出（多くの場合、無利子）に振り向けられている。
・1974年以降、総額30億スイスフランに達す る8,000プロジェクトを支援。基金は3回転した計算。
・2004年に、IDT-HSG St. Gallen と C.E.A.T. Lausanneが、同法と基金の目的達成状況についての全面評価を実施。

 現在この投資法に関して、いろいろ評価をされています。その評価の中で、新しい地域の政策、方針が出てきます。

（2）山岳地域の重要性
 では、過去30年間、私どもが地域開発に関して学んだ教訓は何か。山岳地域へのいろいろ重要な支援があったのですが、1点目は、国全体として、この投資法によって守られる地域が66％あることです。国土面積の3分の2がこの法律の対象になります。山岳あるいは周辺地域ということです。それから、そこに含まれる市町村の数ですが、1,200以上の市町村はこのファンドを受ける対象になっています。そこの住民は約4分の1が山岳地域に住んでいます。山岳地域の人口密度はかなり低いです。そして興味を引くのが、企業の23％が山岳地域等にあるということです。これは第二次産業、第三次産業で、製造業等があります（図3）。
 こちらをご覧いただきましょう（図4）。ファンドの恩恵を受けるところが出ています。そして黄色のところですが、こういった市区町村、真ん中にありますが、これが都市部です。それから南部、アルプスに近いのは

図3

2. Regional development until 2008 – IHG

スイスにおいて山岳地域がいかに重要かを示すデータ

	IHG対象地域	スイス全体に対する割合	スイスのその他地域
表面積（ヘクタール）	27'315	66%	13'970
自治体数	1'241	43%	1'639
人口	1'723'964	24%	5'564'046
2001年雇用者数	689'256	19%	2'979'212
企業数（二次産業・三次産業、2001年）	88'850	23%	294'129

Institute for Public Services and Tourism
University of St.Gallen

図4

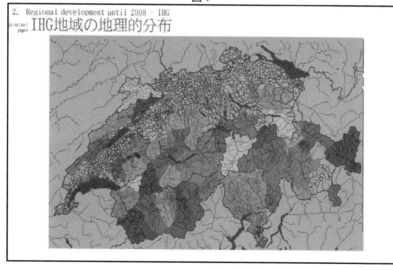

2. Regional development until 2008 – IHG
IHG地域の地理的分布

山岳周辺地域です。北、北西部へ行きますと、こちらもやはり資金を受けることのできる地域です。

（3） IHG支援が適用可能な四つの分野

では、この法律によってサポートされているのは何かということです。4種類の支援が与えられています（図5）。

図5

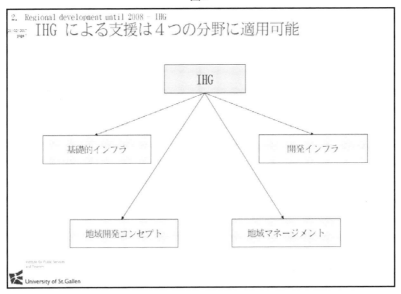

まず、基礎的なインフラです。道路や公的な建物をこの法律で守っています。

二つ目は、「地域開発コンセプト」で、ある地域で長期間にわたって開発計画を持って、観光業を発展させたいとか、別の森林業を発展させたいといったものが保護の対象になります。

それから、地域の管理。例えば法律、金融、地域開発の事務局を置くというのがあります。この地域には事務局のようなものがあります。そういったところで参加型の計画づくりをします。そしてその地域のことをよく知っている人たちが地域開発の事務局で働くということ。それからいろいろな情報も出しています。そういう情報をきちんと処理していく人たちも

います。その中でいろいろな省庁もそこでかかわってきます。そして実際にどういう範囲で地域開発をしていくかについて、省庁の意見を借りることもあります。

それから、「開発インフラ」です。これは経済を一定の方向へ進めていくためにどうしたらいいのか。観光業なのか、それ以外のことがあるのかといった考えになります。

(4) 地域格差

お金がどこへ投資をされたか。1975年から2004年までの資金の配分ですが、かなり広範囲にわたっており、地域によってはより多くの資金をもらっている所も、あまり資金をもらっていない所もあります（図6）。実際に評価の中でもこのようなことも検討しています。地域、あるいは特定の事務局の中には、資金の獲得に成功している所もあり、それ以外の地域ではあまりうまくいっていない所もあります。

プロセスがあって、計画をして、それで資金をもらうわけですが、その地域の知識、能力がどのぐらいあるのかによっても獲得額が違ってきます。

図6

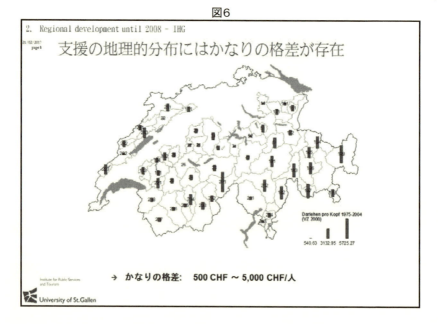

一部の市町村の中では、より独立心が強い所もあります。州あるいは連邦からたくさんの資金をもらっている所もあります。それにより投資をして、いろいろな構造物を造っている所もあります。

（5）インフラの種類

どのようなインフラのプロジェクトが実際に支援の対象になっているのかということですが、主なものがこちらに出ています（図7）。ご覧になって分かりますように、公立学校、運河を造る、排水処理、道路・トンネル・橋、それから横断地下道などもあります。こちらに管理のための建物、市役所。この市役所は地域の開発のための資金で建てています。これは本当にいいのかどうか、疑問の余地があるかもしれませんが、いろいろな洗い出しをして、市役所を造ることもしております。

それ以外に、開発のためのインフラ、例えばスキーのリフト、ケーブルカーも造っています。それから民間の老人ホームも造っています。いろいろなことをやって、いろいろなものを造っていますが、ほとんどのインフラは常に生活の質（QOL）を一定の水準に保つことを狙っています。それ

図7

2. Regional development until 2008 – IHG

支援の中心は基礎的インフラ

	プロジェクト数	スイスフラン
公立学校	739	354,965,806
下水，排水処理工場など	1,069	318,659,984
水道	803	173,084,491
スキーリフト、登山鉄道、観光インフラ	268	165,385,050
総合公共施設（文化，スポーツ）	199	147,440,585
公共療養・休養施設	121	141,311,840
道路、トンネル、架橋など	887	135,399,161
民間療養・休養施設	95	108,395,200
ジムおよび体育館	167	93,398,576
事務所ビル、市町村役所，集落事務所	357	81,467,057

Institute for Public Services and Tourism
University of St.Gallen

から、もう一つは人口流出を防止することを狙いにしています。

（6）人口減少の防止—税収は低位

過去30年ほどを見てみますと、IHG の提供を受けた所は、実際には人口流出を防止することができました。かなり安定した人口水準を維持することができています（図8）。

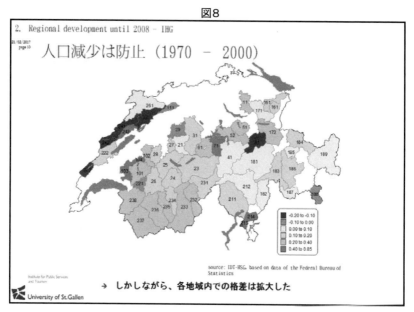

図8

しかし、よく緊密に見ていただくと、その人口分布は発展に関してはまだ課題があるということが分かります。多くの人たちがそこに住んでいるわけです。こういう地域に確かに企業家として戻るかもしれませんが、退職してから戻るという場合もあるわけです。まだ長期的には問題があります。果たして、十分な企業家的な形でこの地域がさらに継続して発展するにはどうすればよいかという課題があります。

まず大切な点は、地域間の格差がむしろ増加しているということです。例えばこちらの図で、この地域を考えてみてください。そこが非常にいいように見えるかもしれません。人口という点では安定していると。ほぼ安定、むしろ若干増加しているぐらいです。しかし、実際この地域の中を見

ていくと、人口の分布はむしろ人口数の格差が広がったと言えます。インフラを造ることによって、そのインフラの地域に人々が移動してしまう。経済社会活動がそこで行われるわけですから、小さな遠隔地においては、やはり人口減少が続くわけです。

図9

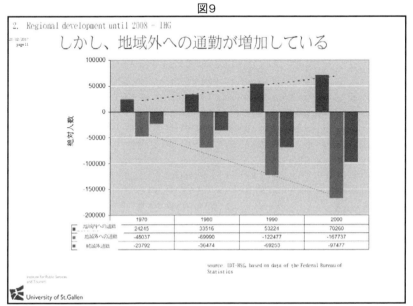

実際はむしろ地域間の通勤が増加しています（図9）。1970年から2000年を比較すると、この地域内の通勤が増加しています。むしろ安定しているというよりも、ミクロ経済レベルで見ていくと、不均衡な状態が生じています。また、1985年から2001年を見ても、肯定的な要素を示してはいますが、1990年から2005年、あるいは1995年から2005年を見ても、職の数が減少している傾向があり、これから先10年、こういう地域間における職の数が、むしろこのような形で変化していくと恐らく問題として考えられます（図10）。

しかし、最も大きな問題は、連邦の税収入において、地方の人たちの一人当たりが稼いでいる額がそのほかのスイスの平均で比べると、明らかに減少している、あるいは低いレベルにとどまっているということです（図11）。貧困は防いでいるのですが、富や豊かさというもの自体は、金銭的

図10

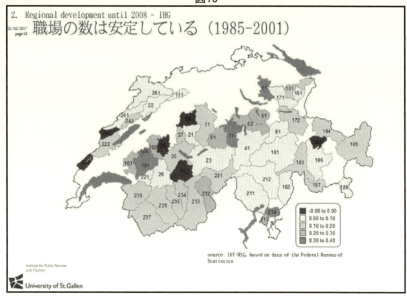

図11

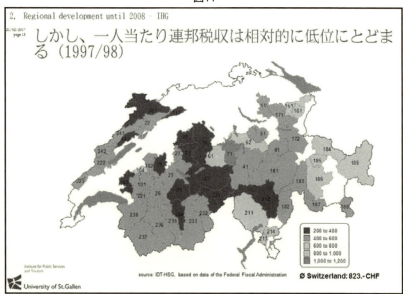

にはつくり出していないのです。これがわれわれが考慮していかなければいけない、過去からの課題です。

（7）全体的な評価

　こういった山岳地域政策には確かに肯定的な評価があります。特に集落の維持という観点から非常に成功しました。集落は継続し、人々はそこにまだ継続して住んでいます。その中で、地域全体から言うと人口減少は見られていません。スイスの都市部は、人口は増えていますが、それほど巨大な人口増加ではありません。日本のような巨大増加ではないので、一番大きな都市でもチューリッヒでは人口が100万人しかいません。

　しかし、山岳地域に対する支援は、職場の増大にもある程度は成功しました。しかし、その中で新しい職をつくり出すという点ではあまり成功していないとも言えます。ですから、こういう方向において改善していかなければいけません。

　また、地域マネジメントに関して成功するために、有効な構造を構築することもある程度成功しました（図12）。

　こういった中で計画して、開発を助けていく人たちから見ても、必ずし

図12

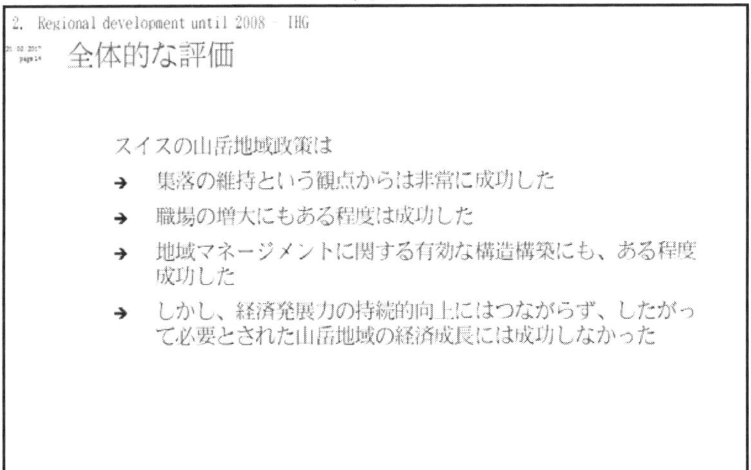

スイスの山岳地域政策は
- 集落の維持という観点からは非常に成功した
- 職場の増大にもある程度は成功した
- 地域マネジメントに関する有効な構造構築にも、ある程度成功した
- しかし、経済発展力の持続的向上にはつながらず、したがって必要とされた山岳地域の経済成長には成功しなかった

もよくつながりをネットワークとして持っていないということが挙げられます。その地域と重要な知識を持っている人たち、その地域外の人たちとの間で、まだまだ十分な関係が築かれていません。資本、知識、そして新しい人材がもっとさらに地域に住んでいく必要があります。

また、経済発展力の持続的向上にはつながっていません。従って、山岳地域の経済成長には成功していないと言えます。これが一つの問題であり、企業家的な力、それに対する投資、新しい企業、新しい企業による投資というものも、中小企業であれ、それが行われていない大きなチャレンジです。

2．新地域開発戦略

（1） IHGはNRP（new regional policy）に発展

こうしたものから教訓を学ぼうということで、2008年初頭に新地域政策ができました。この新地域政策（NRP）には三本柱があります（図13）。

図13

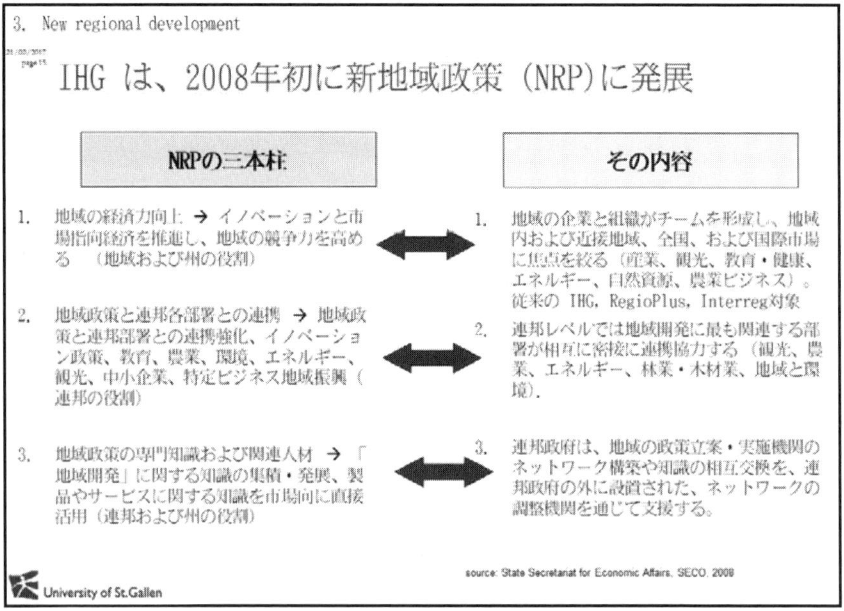

最初の柱は、地域の経済力、競争力を高めようというものです。これは原則として、今まで山岳地域に対して投資・援助が行われてきましたが、そういう機会を通して、さらにそれだけではなく、プロジェクトを作り、地域間、あるいは国境にまたがるような、あるいはスイス国外とのコミュニティ、スイスのコミュニティとのいろいろなやり取りや連携、そして幅広い範囲に可能性を広めようというものです。すなわち、地域政策といろいろな連邦部署との連携を含みます。それだけではなくて、可能性として、プロジェクトによっては助成金を出すというものです。また、計画としては税免除、税控除を受けることができると考えています。こういった形で活用していこうというものです（図14）。

図14

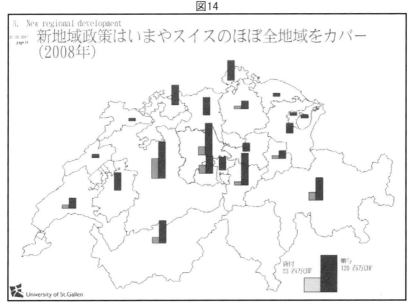

　二つ目の柱は、地域政策と連邦各部署との調整、コーディネーションです。これは各省庁との連携が必ずしもうまくいっていませんでした。プロジェクトは地域的な資金援助から提供されていますが、連邦レベル、州の資金、また市町村の資金によっても助成されます。ですから、場合によってはこういったツールをうまく組み合わせれば、新しいプロジェクトをいろいろなお金を活用して十分にできるのですが、省庁においても、機関に

おいてもそういうことを認識して、現在ではいろいろなレベル間同士の調整をしていこうとなっています。州、あるいは連邦レベルとの連携という意味です。

三つ目としては、地域政策に関してより強力な専門知識のある人材を育成していこうというものです。地域開発者が、他の地域開発者ともより良い連携を持ち、そしてほかの地域、山岳地域でない所もうまく山岳地域と連携をすることにより、両方の地域が有効に新しい効果を出せるように活用していこうというものです。

その結果、一つの新地域政策（NRP）により、単に山岳地域だけでなく、都市部あるいは都市部に近い地域にも影響を与えるようになりました。これは必ずしも強力な構造を持っているものではないので、さらに2008年から新しい資金が提供され、この山岳地域の州、グラウビュンデン、ヴァレーだけではなく、スイスの中央部においても、そして大きな都市、チューリッヒ、ベルン、バーゼルといった都市が挙げられますが、そういう都市とも連携をするようになってきました。

従って、新しい原則、ルールとして、地域開発は単に具体的な特定の遠隔地の山岳地域だけを支援するわけではないというものです。その範囲を広げて、それらの地域が利益を出すためにも、知識あるいはネットワークを拡大していこうというものです。それにより、ほかの地域ともより肯定的に、構造的な問題に直面しないようにしていこうというものです。正確に将来がどのようになるかはまだ分かりませんが、これはまだ新しいアプローチ、新しいタイプのアイデアであるわけです。

（2）産業分野別・内容別プロジェクト内訳

NRPは過去30年間の教訓を基にして2008年からスタートしていますが、最初の助成金、ローンなどの産業分野別、あるいはプロジェクトの内訳を見ていくと、観光業に43％というかなりの量が使われています。そして知識移転は29％です。また、健康、エネルギー、農業などはパーセンテージとしては少ないです。ですから、そういう支出のシフトがこれから来年、さらにそれ以降登場してくるかもしれません。開発インフラがもっとさらにプロジェクトとして、起業家的な力を助けていこうということになっていくと思います（図15）。

図15

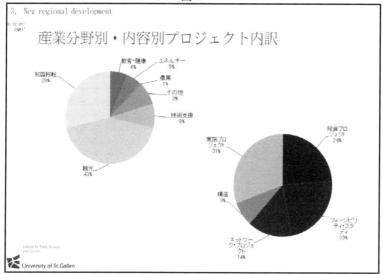

　一方、プロジェクトの特徴として、投資プロジェクトは24％ですが、それ以外にも、実施プロジェクトもありますし、あるいはフィージビリティスタディ、あるいはネットワーク・プロジェクトもあります。これらは新しいタイプの考え方を活用して、地域を支援していこうというものです。

　現在、新しいアプローチが完全に昔のものと比べて変化を起こしているか、判断するのは時期尚早ですが、これから2～3年において、より肯定的な、ポジティブな影響をこれらの地域に与えることができていることを希望しています。これによって利益を出せるということです。

3．イノベーションの推進

(1) スイスにおける観光業の発展

　後半のお話をしましょう。全く違う話です。スイスの観光業にかかわるものでして、既に今日でも多くの山岳地域が観光の対象になっています（図16）。

　この写真は、実は歴史的な建物を紹介しています。スイスの観光は、19世紀後半から発展してきました。こちらにはホテルがあります。画期的な

図16

ものは現在五つ星のホテルになっています。改修の必要があるところもありますが、かなり昔からあるわけです。観光に提供されているものは、スイスの山岳地帯に多く存在しています。

　ツーリスト、あるいは観光の発展は、既にこういった時代から有効に活用されてきました。すなわち、観光・サービス、そしてこれらの場所が山岳地帯の良い風景に埋め込まれているわけです。山・氷河、あるいは湖といったものがこの商品の中核を成しており、さらにこれらの地域の発展に役立ってきました。

　スイスでは観光業の発展と、技術革新も同時に進んできました。このケーブルカーはベルナーオーバーラントのギースバッハのものです。このゴンドラはスイスの中央部、エンゲルベルクという所のものです。技術的革新、輸送なども観光業の開発の一部でもありました。

（2）課題

　観光業は極めて伝統的で長い歴史を持っていますが、今日まで経験していろいろな課題が出てきています。二つぐらい数字をお見せしましょう。

まず、スイスでは1912年に約21万のホテルのベッド数がありました。今日は約25万床です。そんなに増えたわけではありません。また、スイスにおいて観光業は、本当に成熟した産業になっています。
　二つ目に、ホテルの宿泊数ですが、1914年にほとんどが海外のお客さまでした。今日、45％しか海外のお客さまはおりません。ということで、過去に比べて今日では国内の需要が上回ってきています。第二次世界大戦後、経済的なこともあり、実際に国の中で富が高まったということで、ホテルに宿泊する国内のお客さまが増えたということです。観光業の企業は国際的競争に弱かったことも挙げられるかと思います。今日、いろいろな問題があり、古いインフラを新しくしなくてはいけません。そして継続的に私どもの市場を国際化していかなければいけません。どういうメニューがあるのか、対応していかなければいけません。
　スイスに関する数値、統計が並んでいますが、詳細について全部触れることはしませんけれども、一つ重要なのは、今日でもスイスにおける観光業は、上から3番目の産業です。実際にお客さまが海外から来る、それは輸出入に考えます。国内でお金を落としてくれますので。ということで、観光業を伸ばしていかなければいけないと思います。州のレベルだけではなく、国のレベルでも観光業を伸ばしたいと考えています。

（3）スイスの観光政策の歴史
　実際に連邦政府で何が起こったかということですが、観光にかかわる政策は常に、時代ごとに変遷を遂げてきました。観光業に関しては、連邦政府レベルで必ずしも安定していたわけではありません。何でもやりたいことをやっていいという自由放任の時代がありましたが、これは20世紀にかかろうかという時代のことです。
　それから、組織の時代がありました。最初に観光連盟ができた時代です。第一次、第二次世界大戦の途中においては、しっかりとしたコントロールで政府が介入しました。ホテルは一切新設できないということもありました。これはキャパが大きすぎるということです。
　そして、第二次世界大戦後、私どもは自由化の時代を迎えました。経済的なブームもあり、今日、非常に順調にいった中で、質を高めていくことも必要ですが、収入を増やさなくてはいけません。設備はそんなに大きく

しなくても、観光業で収入を増やしていかなければいけないという問題に直面するようになってきました。ということで、観光業におけるイノベーションが重要になってきました。

(4) 90年代末以降の戦略
　従って、政府としても、このようなプログラムを作りました。90年代以降の戦略も出ていますが、革新のための土台づくりをし、例えば市場での足場を強くする。それから情報通信技術を強めていくことも掲げています。それから、地域の魅力を高めるということも出ています。
　スイスにおいては連邦レベルで観光省がありません。観光に関する委員会、コミッションはあります。残りの部分としての政策はやはり州レベルで観光政策を作って、その州ごとに観光業を高めていくのかどうかを決めていきます。それから、さまざまな企業があって、もちろんローカルレベル、州のレベルで民間企業も大きな役割を果たしています。しかしながら、連邦レベルでこうしないといけないという政策はありません。ということで、州のレベルにおいて問題を解決していこうという形でやっています。

(5) InnoTourという制度
　そういうツールの一つとして、最初の地域への支援の法律に関してお話しします。
　これは4年間で2,000万スイスフランしか使っていません。ただ、この支援がどのように機能しているかをご理解いただく必要があるかと思います。
　この法律の歴史ですが、1996年にスイスの観光に関する報告が出て、競争力がないということ、これ以上キャパシティを伸ばすことができない、質も伸ばしていくことができないということでした。それで、中小企業の協力も強めなければいけない、それから企業間のイノベーションも強めていかなければ成功できないということがありました。1997年に連邦で決議されました（図17）。
　それから援助の期間は三つに分かれています。1998年から2002年は1,700万スイスフランです。
　現在は評価をしています。これはプロジェクト自体の評価だけではあり

図17

ません。この法律の背後には、プロジェクトだけではなく、法律そのものについても見直しをしようということになっています。

　簡単に原則だけ見ていきましょう。法律によると、50：50で共同のファンディングになっています。これは連邦政府とそれ以外のところが出すということになっています。その中にそれ以外の公共的な団体もあります。企業もここに参加することができますし、それ以外の企業、あるいは州、市町村と協力をして出資していいわけです。これは連邦政府が残り50％は出すということです（図18）。

　製品／サービス、プロセス・ロジスティクス、それから制度面の改革ということでプロジェクトも動いています。製品・商品の開発、サービスの改革。例えば新しい種類のサービスを提供する、自転車でツアーに行くなど、それだけではなく、プロセスの改革もしています。例えばICT、情報通信機器のプロジェクトも動いています。

　新しい観光地区をつくっていくというプロセスもあります。非常に競争力のある観光地区をつくっていきます（図19）。

　企業間にまたがるプロジェクトもあります。企業と企業が協力するとい

図18

4. InnoTour – Promotion of innovation

観光は現在ではスイスの重要分野（明確な成熟の兆候を付随）

- GDPに占めるシェア 2004年 5.1% (1992年 5.8%)
- 2004年における外国人観光客からの収入：129 億 CHF、スイス人観光客の外国における支出 109 億 CHF、ネット収入：20 億 CHF
- 対外収入の観点からは、金属・機械（1位）、化学産業（2位）に次ぐ3位の地位を占める産業
- 観光支出の43% は国内観光に起因
- 直接雇用者数166' 000人、間接雇用も含めると221' 000人 (2003)
- ホテル宿泊数(2003年)：約 32 百万 (in 1992年 約36 百万)、約55% が外国人、夏季55%、冬季 45%
- 補助的宿泊施設による宿泊数 (2003年)：約33 百万 (1992年約 41 百万)
- 2003年現在 ホテル数 5' 600軒 ベッド数259' 000床 (1992年 6300軒 262' 000床)、中小規模のホテルが中心。平均的な稼働率は50%前後、都市部ではこれより高く山岳部ではこれより低い
- 補完的な宿泊施設のベッド数 (2003年)：約795' 000床 (1992年 約855' 000床)
- ホテルの借入/自己資本比率 (2003年)：**** 80.7%、**** 92.0%、*** 91.6%、** and * 93.1%、総コストの約40% を労働コストが占める
- 主な観光地域：グリゾン州、中部スイス、ヴァレー州、Zürich、ベルナーオーバーランド、ティシーノ州、ヴォー州

Institute for Public Services and Tourism
University of St.Gallen

図19

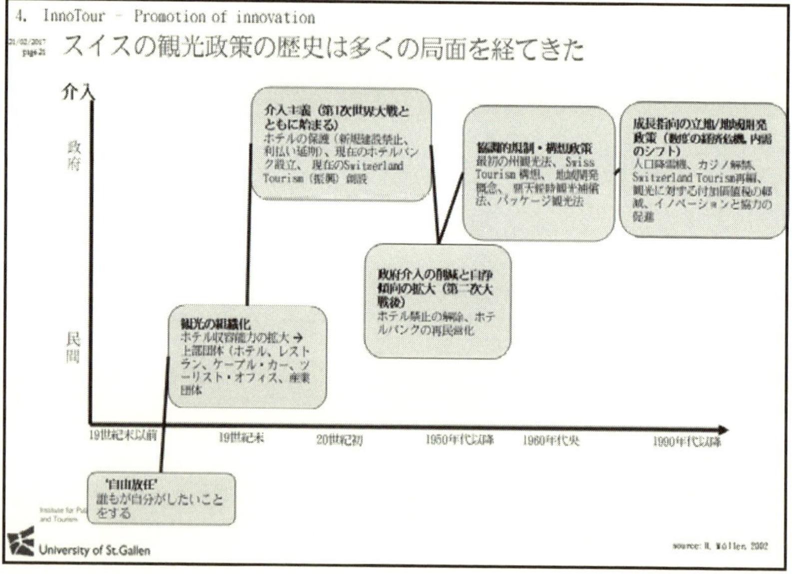

4. InnoTour – Promotion of innovation

スイスの観光政策の歴史は多くの局面を経てきた

介入

政府

- 介入主義（第1次世界大戦とともに始まる）
  ホテルの保護（新規建設禁止、利払い延期）、現在のホテルバンク設立、現在のSwitzerland Tourism（振興）創設

- 協調的規制・構想政策
  最初の州関係法、Swiss Tourism 構想、地域開発概念、悪天候時補助法、パッケージ観光法

- 成長指向の立地/地域開発政策（観光の経済危機、内需のシフト）
  人口降雪策、カジノ解禁、Switzerland Tourism再編、観光に対する付加価値税の軽減、イノベーションと協力の促進

- 政府介入の削減と自律指向の拡大（第二次大戦後）
  ホテル禁止の解除、ホテルバンクの再民営化

- 観光の組織化
  ホテル収容能力の拡大 → 上部団体（ホテル、レストラン、ケーブル・カー、ツーリスト・オフィス、産業団体

民間

- "自由放任"
  誰もが自分がしたいことをする

19世紀末以前　19世紀末　20世紀初　1950年代以降　1960年代央　1990年代以降

Institute for Public Services and Tourism
University of St.Gallen

source: R. Müller, 2002

88

うものです。一つの企業だけに資金を出すのではなく、資金はプロジェクトとして出され、複数の企業に対する支援を行うというものです。

それから、持続可能なインフラストラクチャーを造っていきます。一定のファンディング期間が終わると、プロジェクトの点検をして、引き続きやっていけるのかどうか、きちんとした商品として成功しているのか。あるいは、一定の構造・組織・仕組みがそのプロジェクトで出ているのかどうかという持続可能性についても目配りをします（図20）。

図20

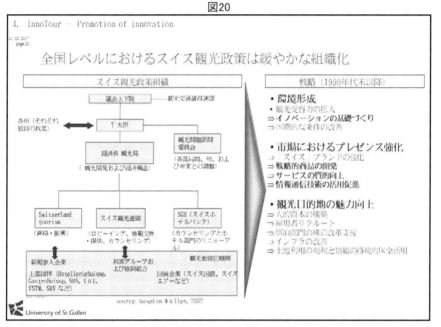

そして競争の前に提案がなされます。競争をゆがめるようなものであってはいけないと考えています。従って、製品を将来も売っていけるような企業に対して支援をすることです。

もう一つは、観光地区をどう開発していくか。観光地区が実際にプロジェクトから利益を得られるようなものでなければいけないということです（図21）。

ビジネスの機会、製品などもそうですが、こういったものをプロジェクトとしてやっています。それからアセットケア、つまり資産の保護、そし

図21

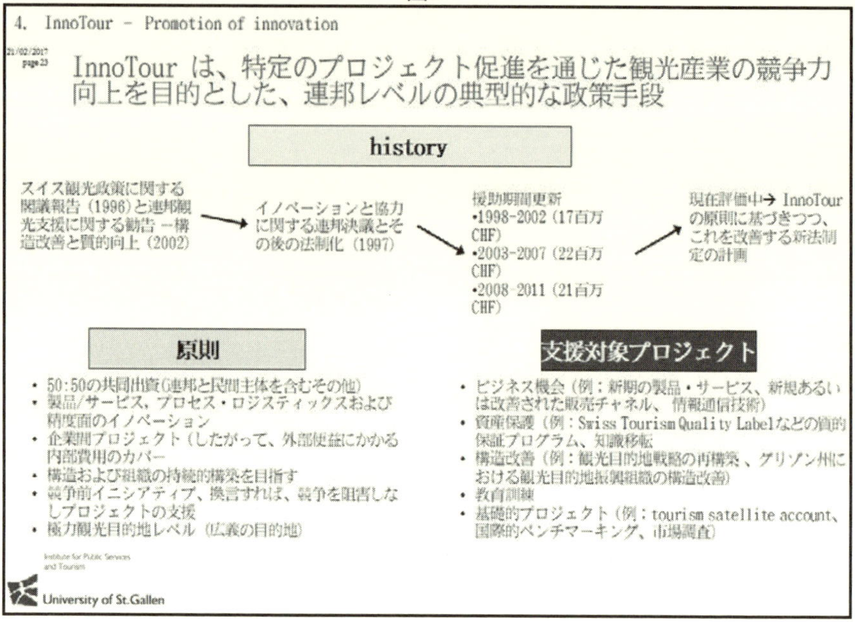

4. InnoTour – Promotion of innovation

InnoTourは、特定のプロジェクト促進を通じた観光産業の競争力向上を目的とした、連邦レベルの典型的な政策手段

history

スイス観光政策に関する閣議報告（1996）と連邦観光支援に関する勧告 —構造改善と質的向上（2002） → イノベーションと協力に関する連邦決議とその後の法制化（1997） → 援助期間更新
・1998-2002（17百万CHF）
・2003-2007（22百万CHF）
・2008-2011（21百万CHF）
→ 現在評価中 → InnoTourの原則に基づきつつ、これを改善する新法制定の計画

原則
- 50:50の共同出資（連邦と民間主体を含むその他）
- 製品/サービス、プロセス・ロジスティックスおよび精度面のイノベーション
- 企業向けプロジェクト（したがって、外部使益にかかる内部費用のカバー）
- 構造および組織の持続的構築を目指す
- 競争前イニシアティブ、換言すれば、競争を阻害しなしプロジェクトの支援
- 極力観光目的地レベル（広義の目的地）

支援対象プロジェクト
- ビジネス機会（例：新規の製品・サービス、新規あるいは改善された販売チャネル、情報通信技術）
- 資産保護（例：Swiss Tourism Quality Labelなどの質的保証プログラム、知識移転）
- 構造改善（例：観光目的地戦略の再構築、グリゾン州における観光目的地振興組織の構造改善）
- 教育訓練
- 基礎的プロジェクト（例：tourism satellite account、国際的ベンチマーキング、市場調査）

Institute for Public Services and Tourism
University of St.Gallen

て、構造改善、教育訓練のプロジェクトもあります。基礎的プロジェクト、例えば実際に観光にかかわる衛星上のアカウントもあります。

（6）InnoTourの評価から得られた教訓

これまでに私どもが過去約10年間で学んできたことですが、観光業には政府の介入が必要だということです。観光業は放っておいては革新をすることがなかなかできません（図22）。

いろいろな問題があります。まず、観光は非常に細分化しています。一つの企業だけのサービスを受けるのではなく、いろいろなサービスを受けます。それからいろいろなイベントを経験していきます。こういうものが全体として、経験として何であったのかということで、ビジネスが伸びていくわけです。

それからロケーションとロケーションのつながりがあります。一定の場所につながって仕事をしています。観光業はなかなか動いていくことができないので、その地域の資源を使わなければいけません。

図22

4. InnoTour – Promotion of innovation

InnoTourは、政府の関与は必要であるが、コスト的にはあまり問題にならないレベルにとどめることが可能なことを示している

評価から得られた教訓

- 観光産業は、次のような制約から有効なイノベーションの条件を欠いており、政府の関与が必要である：(1) サービスチェインが細分化している、(2) 目的地間のリンクが存在する、(3) 必要なインフラが個々の組織を超える公共財の面がある、(3) 中小企業構造でライフスタイル的な経営構造、(4) イノベーションの普及局面に要するコストは高いが、低コストで模倣できる。
- したがって、次の諸要因により市場の失敗が生じる：(1)情報の不足、(2)費用および収入の分割不可能性、(3)イノベーション活動の外部効果、(4) 公共財的側面の存在。
- 50:50ルールは効果的であり、アクターや組織に持続的な取り組みにコミットすることを求める。
- 目的地レベルでのプロジェクトに焦点をしぼることにより、関係者の協力と具体的なイノベーション投資の必要性を高める。
- グッド・プラクティスの公表は、競合・協力関係にある目的地間での模倣プロセスを促進し、投資された公的支援のレバレージ効果を高める。

また、組織内のインフラがその組織を支える公共財の面があります。スキーエリアがあると、スキーエリアに対してサービスを提供している企業がありますが、風景、あるいはその地域はコミュニティに属しているわけです。そして土地を所有しているのはその市町村です。

4点目としては、観光業のサービスとして、製造業や消費財と違いまして、このコストということで新しいアイデアを作成していき、それをマーケットに還元していくということは確率がなかなか低く、それをマーケットに対して実施していく際には非常にコストが高くつきます。ですから、いろいろなアイデアが実施されてはいますが、大部分のものは必ずしも観光客やビジターに感謝されていません。従って、イノベーションサイクルを考えていく必要があります。

マーケットの失敗が情報の欠如によって、そしてコストや売り上げが分からないということによっても起こります。情報の不足、費用および収入の分割不可能性。あるいはイノベーション活動の外部効果も挙げられます。社会全体に、そして目的地（デスティネーション）に行くということです。また、公共財的な側面があるということです。市町村、あるいは公的に所

有されているという意味です。
　従って、インターベンションがこういった場合に役に立ちます。というのは、特定のプロセスにおいてマーケットがうまくいかない場合、失敗が生じる要因としてはこういうことが挙げられるからです。
　50：50のルールは効果的であり、また関係者や組織に持続的な取り組みにコミットすることを求めるわけです。これを長期に考えることが非常に重要です。
　デスティネーション・レベルでのプロジェクトに焦点を絞ることにより、関係者の協力と共同的なイノベーション投資の必要性を高めます。すなわち、一社だけを考えるのではなく、その情報を提供する。全体の集団的なデスティネーションに関する取り組みが必要です。
　最後の教訓の点は、このデスティネーション、そしてグッドプラクティスの公表が役に立つということです。まねるということはもちろん必ずしもいいことではありませんが、観光業においてこういったデスティネーションでは必ずしも一つのやり方、あるいはアイデアを別のデスティネーションで完全に模倣できるわけではありません。適応させなければなりません。より良いベストプラクティスが分かることにより、そのデスティネーション自身がそれを理解することにより、それを相乗効果でさらに倍にして適用することができるわけで、ベストプラクティスを共用していくことが非常に重要です。それが投資、そしていろいろな援助、連邦政府からの援助も含めて非常に重要な点となります。

4．まとめ

　最後に、三つか四つのメッセージを紹介したいと思います。この両方の例において、単に助成金がその地域活動に役立つこともありますが、それだけではなく、ツールが必要です。例えば金利なしのローン、そして50：50の投資です。そして利益を出すパートナーも公的な資金、援助のお金を活用し、プロセスとして作成していくときに役立つわけです。
　2点目、地域開発は単に投資を増やすことだけではなく、生活のクオリティを都市部のように高くするということでは必ずしもありません。しかし、地域開発では、企業家的なプロセスを通してその富を構築していく

だから、企業家的な人たち、あるいは起業家（アントレプレナー）のネットワークがつくられることが必要であり、そういう形によってそれ自身がその力から発展していくことができるはずです。

　3点目、非常に重要な教訓としては、いろいろなエージェンシー同士のコーディネーション、調整が必要です。それにより、透明性が高まり、ダブっている資金供与、助成金をしなくて済みます。

　そして4点目として申し上げたいのは、地域開発としてそれぞれ独自の力だけで知識と社会資本をつくり出すということだけではなく、それ以外の地域とのネットワーク、あるいは企業家とのネットワークが必要です。それにより、より良い状況をそのエリアに対してもたらします。

　どうもご清聴ありがとうございました。また後で午後にご質問にお答えできればと思います。

グローバル化した経済におけるイタリアの産業集積
—〈Industrial Districts (ID)〉の変化

ガービ・デイ・オッターティ
Gabi dei Ottati

一部の方はご存じだと思いますが、私は特にイタリアの産業集積分野を専門とする研究を行っています。私のプレゼンは、まず最初にイタリアの産業と産業構造の特徴について簡単にお話しします。それから、産業集積についてお話しします。産業集積というのは、イタリアの産業発展を理解する上で重要だからです。次に、ここ数十年のイタリアの産業集積の変化をテーマにお話しします。最後に、私の実証研究の大部分はプラート産業集積のケースを対象に行っていますので、この特別なケースについてお話しします。特に二重の意味で特別であるということがご理解いただけると思います（図1）。

図1 プレゼンテーションのアウトライン

1. 導入：イタリア産業の特徴
2. イタリアの経済発展とその展開における産業集積
3. 今世紀に入ってからのイタリア産業集積の変化
4. プラート<Prato>の例

1．イタリアの産業の特徴

主に二つの特徴があります（図2）。イタリアでは、発展水準が同一レベルの他国に比べ、中小企業の数が非常に多いです。製造業の98％は従業員が50人以下です。これは、例えばイギリスやドイツ、フランスとは全く比較になりません。それから、イタリアの産業のもう一つの特徴はセクター別の専門性です。イタリアは、いわゆるファッション産業に専門化しています。繊維、被服、ジュエリー、革製品、家具、インテリア製品、陶器製タイルなどです。イタリアは金属製品や機械

図2 イタリアの産業の特徴

- 発展水準が近い他の国々比べ、中小企業が非常に多い（中小企業：製造業の98％は従業員50人以下の企業）
- ファッション製品、家具、陶器タイル（個人・家計財）；金属製品および機械類（軽機械工業）や、食品＋ワインなどの分野は、専門化している：これらはイタリアが比較優位を獲得した分野であり、"メード・イン・イタリー"分野と呼ばれる。
- この独自性を理解するためには、過去数十年の間に、イタリア経済内で産業地区<Industrial Districts (ID)>が獲得したウェイトを考慮に入れる必要がある。

類も生産しています。パッキング用機械、繊維用機械、木材加工用機械などです。また、医療用機器も生産しています。いわゆる軽機械工業、他にもいろいろな業種のクラスターがあります。個人用消費財分野や、軽機械工業、最近では特殊食品産業、いわゆる地中海料理とか、パスタ、インスタント麺、ワインなどもあります。

午前中の先生のお話で、イタリアとフランスの競争のことが思い出されましたが、もちろんフランスの方が古くからの評判がありますので、フランスにアドバンテージがあります。イタリアでは、こういったセクターではここ数十年、貿易収支が黒字になっています。そのため、これらのセクターは「メイド・イン・イタリー」と呼ばれ、これらのセクターはイタリアが持っている競争上の優位性を象徴しています。これら二つの特性は、イタリア経済における産業集積のウェイトを考慮することによってのみ、説明することができます。

産業集積というコンセプトについて簡単におさらいしたいと思います。こちらの写真は Giacomo Becattini 氏です。マーシャルを再発見し、それを発展させ、まずトスカーナ発展の事例を、それからイタリアの産業発展の事例を説明した人物です。彼は「産業集積」というコンセプトを再発見し、発展させました。

産業集積とは何でしょうか。これは、人々のコミュニティが存在する地域における共同的発展に特徴づけられる社会経済組織です（図3）。このコミュニティの人々には共通の理解、共通の伝統、メンバーシップ意識があり、多数の中小企業が存在します。単に小企業が集中しているわけではなく、これらの小企業は専門化していて、交換によって互いに統合されており、市場との関係、さらにはコミュニティ関係を築いています。

図3　産業集積

産業集積とは、人々のコミュニティと、主要な地場産業内の様々な異なる活動に携わる多数の中小企業が、地域内でともに発展してきたという特徴を持つ、社会経済的な組織である

産業集積<ID>企業の競争力は、主に、個々の企業にとっては**外部性**を持つが、地域の生産システムであるIDにとっては内部化されている経済に基づくものである。

これは、ID内企業の分業の結果であるとともに、人々と企業を繋ぐ多くの経済的&社会的関係が、地域の多くの企業が行う様々な活動を統合している結果でもある。

Giacomo Becattini[4]

図4 発展の産業地区モデル

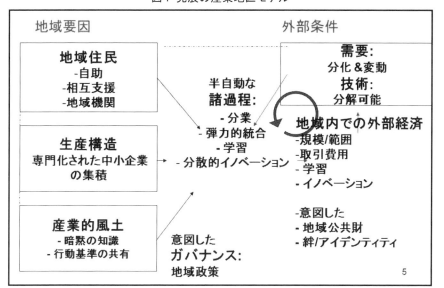

　産業集積における企業の競争力は、主に単一の企業の外部にある経済から生まれます。これは、単一の小企業には例えば規模の経済がなくても、産業集積内には外部経済に到達できるほど大規模な生産システムがあるからです。これは、多数の専門化された小企業の間で労働力が分業され、統合されていることの結果であり、企業の集中システムの中で互いを結び付ける多数の経済的・社会的関係によって産業集積内の統合が行われていることの結果です。

　数分で説明するには複雑すぎるのですが、産業集積コンセプトにご興味がおありでしたら、ディスカッションの際にまた取り上げたいと思います。もちろん、産業集積の発展には、生産構造、社会構造、そしてこれらを重ね合わせる環境と結び付いた地域的な要因が必要です。外部的な条件ももちろんいくらかあります（図4）。

2．戦後のイタリアの産業発展

　第2次世界大戦後、イタリアの産業発展は50年代に始まりましたが、当

図5 戦後のイタリアの産業発展

- 1951年には、産業における雇用は大企業と資本集約的な分野に集中。60年代‐70年代‐80年代に、製造業雇用は産業地区において増加し、80年代央には大企業での雇用数を超えた (図1, 2)
- 大企業から産業集積への産業雇用のシフトは、**イタリア中央部および北東部の県の産業化**(次の地図参照)の結果
- 産業地区は、個人・家計消費財とそれらに関連する機械の生産に専門化。この分野のイタリア貿易収支は大幅な黒字となったため、"メード・イン・イタリー"分野と呼ばれるようになった (図3)

初は官民双方の大企業が重要でした。その後60年代、そして70年代、80年代以降はさらに産業集積で製造業の雇用が増加します。80年代半ばには、大企業での雇用数を超えました。大企業から産業集積へという産業雇用のシフトは、イタリア中部および北東部の工業化の結果です。これらの地域は、戦前は主に非都市地域でした(図5)。

イタリアの産業集積は軽工業に特化したため、これらのセクターがいわゆる「メイド・イン・イタリー」と呼ばれるようになりました。多数の中小企業が軽機械工業、個人の消費財、家計の消費財に特化したのは、イタリアの産業発展におけるこのようなシフトによって説明できます。

こちらに二つの地図があります。51年の地図では、濃い色の地域が大企業のある県です。産業が主に大企業を中心にしていて、また、主にイタリア北西部に集中しているのがお分かりいただけると思います。白い部分は

図6産業地区　県(緑)　大企業　県(赤)その他の県(白)

工業化していない部分です。グレーの部分はエミリア＝ロマーニャ州とトスカーナ州で、産業集積の存在を示しています（図6）。

90年代には、グレーの地域がぐんと増えました。イタリアの中部と北東部に産業集積が広がっています。

この数字は、50年代から90年代の製造業の雇用者数の移り変わりを示したものです（図7）。はじめに、点線は産業集積の数を示しています。黒い線は大企業の数です。グラフには他のラインもありますが、この調査がもともと他の発展要素も対象としていたためで、ここでは直接関係ありません。

これも同じですが、こちらは雇用者数ではなく付加価値をグラフにしたものです（図8）。

この数字は、主な二つの分野に分けてイタリアの貿易収支を示したものです（図9）。いわゆる「メイド・イン・イタリー」分野が上の方になっている方です。重工業は下の方で、マイナスになっています。60年代以降、イタリアの貿易収支を支えてきたのはいわゆる「メイド・イン・イタリー」分野であることがお分かりいただけると思います。

図7 県のタイプ別にみたイタリアの産業雇用数の割合 1951～1996年

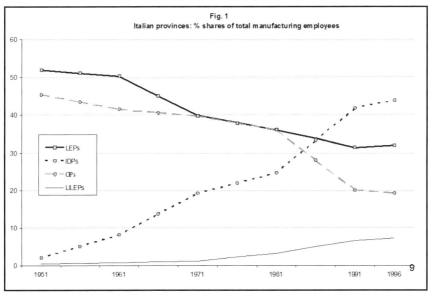

図8 県のタイプ別にみたイタリア製造業の付加価値 1951～1996年

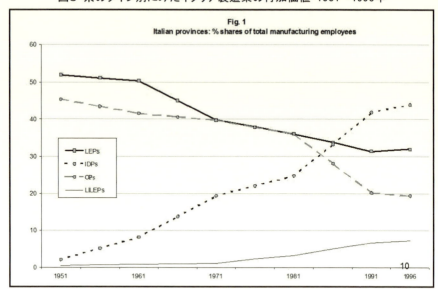

図9 メイド・イン・イタリー分野とその他分野のイタリアの貿易収支 1953～1993年

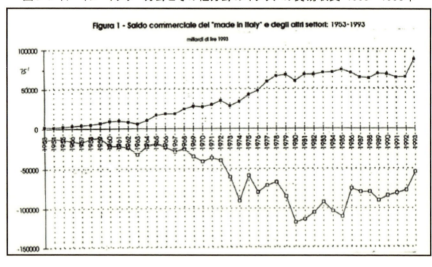

3．1990年代におけるイタリアの産業発展

　90年代、イタリアの産業発展ですが、ヨーロッパ、そしてイタリアでも、GDP成長率は伸び悩みました。平均すると毎年１％から２％程度でした。イタリアの製造業の雇用は全体で６％減少しましたが、大企業地域と産業集積地域で違いが見られました。産業集積では、失業率も大企業県の半分でした。「メイド・イン・イタリー」分野は90年代にも黒字が続きました。90年代はいわゆるグローバル化が先進工業国の経済に影響を与え始め、10年間で、イタリアももちろん同じく影響を受けました（図10）。

図10　1990年代におけるイタリアの産業発展

- イタリア（欧州）の経済成長は鈍く（GDP +1-2%）、全製造業雇用は低下(-6%)した：しかし、最も低下したのは大企業地域であり、産業地域ではほとんど安定していた（表1）
- 産業集積地域の失業率は、大企業地域を大きく下回った（図4）
- "メード・イン・イタリー"分野の黒字は続き（とくに、軽工業）イタリアの貿易収支に大きく貢献した（表2および図5）

　この表は、県のタイプ別に見た製造業の雇用者数を示したものです（図11）。大企業県の雇用は10年で13％以上減少していますが、産業地区県ではわずか１％だけです。産業地区県では大体安定していました。

図11　県のタイプ別にみた製造業雇用（1991年、1996年、2001年）

県のタイプ	1991	1996	2001	変化 1991-2001	
				a.v.	%
大企業地域	2,015,863	1,796,128	1,745,959	-269,904	-13.3
産業集積地域	2,079,585	2,018,765	2,054,686	-24,899	-1.2
産業集積地域〈中小企業〉	108,347	110,998	112,307	3,960	3.6
その他の地域	1,006,692	929,869	982,617	-24,075	-2.3
合計	5,210,487	4,855,760	4,895,569	-314,918	-6.0

*MSE=中規模企業：従業員50-499人および売上高15-330百万ユーロの企業
Source: ISTAT Data

この数字は、失業率を示したものです（図12）。■は1993年から2002年までの産業集積地域の失業率です。◆線は大企業県の失業率で、倍になっているのが分かります。△線は工業化されていないその他の県です。

図12　県のタイプ別にみたイタリアの失業率（1993～2002年）

図13　分野別にみたイタリアの製造業貿易収支（百万ユーロ）

経済分野	1991	1996	2001	2004
重工業	-15.866	-10.260	-22.445	-23.573
個人・家計向け商品	18.597	37.257	41.043	32.204
軽工業	10.150	31.679	30.274	32.480
飲食品	-5.448	-4.261	-4.364	-3.835
製造業計	7.433	54.415	44.508	37.276

　これは分野別に見た貿易収支を示したものです（図13）。重工業はご覧のとおり常に赤字ですが、個人・家計用消費財は黒字です。軽工業はちょうど90年代に黒字を出し始めたのがお分かりいただけると思います。こちらはそれをグラフにしたものです（図14）。

図14 分野別にみたイタリアの製造業貿易収支

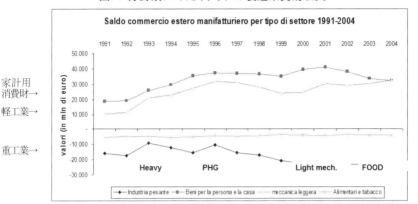

家計用
消費財→
軽工業→

重工業→

飲食品
個人・家計向け商品(繊維被服、皮革、木製品、紙製品、非金属製品)
重工業(エネルギー、化学、ゴム・プラスティック製品、鉄鋼業,、輸送機械)
軽工業 （金属製品および機械）

　こちらは産業地区の公式なデータを皆さまに簡単にお見せするためのものです（図15・16）。産業集積に関しては、国家統計局（ISTAT）が2001年にイタリアにおける産業集積の通勤圏に関する調査を行いました。私たちの分析では、県レベルのデータを使用しています。それは、産業集積や通勤圏レベルでの統計データがないからです。私たちが利用できる一番小さな地域区分は県です。

図15 1990年代におけるイタリア産業集積の展開

> 外部(グロバリゼーション)および内部(地元若年層の就労意識の差)の変化に対応するため産業集積における企業は、製品、活動および生産組織を変化させるようになった:
> - **品質の向上; 製品の差別化; 地元バリューチェインの上流および下流での活動の増加**
> - **生産の国際化**(国際的な外注とコンポーネントの輸入)
> - **機能の高度化** デザイン、ブランディングおよびマーケティングに特化した、最終製品製造企業(final firms)において
> - **知識集約的な企業向けサービス**(デザイン、情報通信技術、広告…)の拡大。

図16 イタリアの産業地区

4．今世紀に入ってからの経済的・制度的変化

　今世紀に入ってからの経済的・制度的変化についてです（図17）。皆さまご存じだと思いますが、その結果イタリアのパフォーマンスに影響が出ていますので、今一度振り返っておくと役に立つと思います。低賃金コストによる新興国の成長の加速、特に中国ですが、中国だけでなくインドもそうです。既に指摘されているように、規制緩和もありました。貿易の自由化、特にイタリアが専門化している多数の分野で自由化が進みました。それからもちろん、金融分野の規制緩和もあり、金融が野放しで拡大して、世界的な不均衡が拡大しました。これが一つの側面です。

図17　今世紀に入ってからの経済的・制度的変化

- 低賃金コストによる新興国の成長加速(中国, インド,..)
  貿易自由化(WTO 2001)。世界的不均衡と金融の異常な拡大。

- 情報通信技術の普及に促進された生産過程の国際的分散化(グローバル・バリューチェイン)の強まり

- ユーロの導入、その米ドルに対する増価(2001年 $0.89/€ ⇒2008年 $1.49/€)と、先進諸国の成長力の低さ、とくにヨーロッパとイタリア(図6)

もう一つの面では、あらゆる種類の生産において国際的な分散が起こりました。いわゆるグローバル・バリューチェーンがあらゆる分野で影響を与えました。この新しい再編成、特に製造業の再編成は、ご存じのようにICTの普及によって、まずは大規模な多国籍企業で始まりました。

　それから、ヨーロッパでは、もちろんイタリアもヨーロッパの一員なわけですが、ユーロの導入がヨーロッパに独自の影響を与えました。イタリア政府が独自に金融政策を取ることができなくなったからです。さらに、ユーロは数年にわたってドルに対しユーロ高が続きました。ご存じのとおり、元など一部の通貨は米ドルと密接に結び付いていますから、米ドル安は中国やその他の新興国からヨーロッパへの輸入を促進しました。

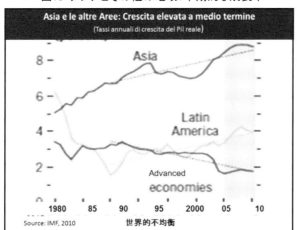

図18　アジアとその他の地域：中期的な成長率

世界的不均衡

　今世紀に入ってから、ヨーロッパ、イタリア、日本など先進国の経済成長は芳しくありません。この表は国際通貨基金から引用したもので、不均衡を示しています（図18）。南米など大まかな地域の年間のGDP成長率の変化が示されていますが、先進国経済とアジアの経済成長の差が拡大しているのが分かります。

　今世紀に入ってからのイタリアの産業ですが、過去10年間の分析をするには、2008年から2009年までの大金融危機の前と後に区切って考えるといいでしょう（図19）。2001年から2007年までは、イタリアのGDP成長は低かったのですが、全体としては、次の数字を見ていただければお分かりに

なると思います。イタリアの製造業は他のヨーロッパ諸国に比べて成績が悪かったわけではありません。

その前の10年間と同様、雇用の面でも付加価値の面でも、そして何より輸出の面でも、大企業県と産業集積地域の間でパフォーマンスに差がありました。

図19　今世紀に入ってからのイタリア産業

- 今世紀の最初の10年間を分析する際には、**大金融危機(2008-9年)前後**を分けてみる方がわかりやすい。
- 2001-2007年における**イタリアのGDP成長は**鈍かった(図6)が、**イタリアの製造業は他の欧州諸国に比べると良好なパフォーマンスを上げた**(図7)。
- その前の数十年間と同様、**大企業と産業集積のパフォーマンスは、雇用、付加価値**(表3, 4)、**そして何よりも輸出**(図8, 9, 10, 11, 12, 13)の面で異なっていた。

このグラフはイタリアとユーロ圏における2000年から2011年までのGDP成長率の変化を示したものです（図20）。イタリアは下のラインですが、ユーロ圏もそんなに変わりません。

図20　イタリアとユーロ・エリアのGDP成長率　2000～2011年（%）

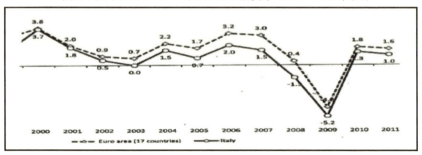

イタリアでは、長年にわたって経済学者の間でイタリアの製造業は衰退しているという議論がなされてきましたが、ご覧のとおり、イタリアの製造業の付加価値をフランス、ドイツ、イギリスの製造業の付加価値に対する比率で見てみると、大金融危機が起こるまでは、イタリアのシェアは増加したのが分かります（図21）。したがって、他の直接的なライバルと比べて劣っているわけではありません。ただ、危機後は状況が一変してしまいました。

図21 ユーロ導入後のイタリア製造業付加価値の仏＋独＋英に対する比率（％）（1999〜2012年）

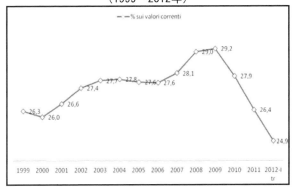

　濃い色の部分は大企業地域です（図22）。南部には赤い地域だけでなくオレンジの地域もあります。これは、これらの地域には大企業があるが、これらの大企業は60年代および70年代に国有企業、または国が出資する企業として設立されました。グレー色の部分は大都市圏で、主にサービス業が中心です。濃い色の北半分部分は全て産業集積で、工業化した地域はほとんど中小企業で占められています。

図22 産業集積県（緑）、大企業県（赤）、都市県（黄）、その他の県（白）

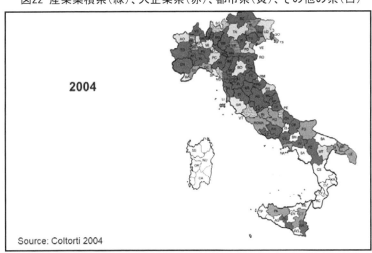

これは、県のタイプ別にみた製造業の雇用の変化を示したもので、千人単位の数字です（図23）。2001年から2007年までの間に、産業集積地域では製造業の雇用が11%減少しましたが、そのほとんどはサービス業の雇用によって補填されました。大企業地域はもっと雇用が失われ、工業化されていないその他の県はそれよりもさらに雇用が失われました。

図23　県のタイプ別にみたイタリア製造業における雇用（千人）（2001～2007人）

県のタイプ	2001	2007	変化率、% 2001-7
産業集積県	2,516	2,239	-11.0
大企業県	1,235	1,061	-14.1
その他の県	1,159	979	-15.5
イタリア合計	4,910	4,279	-12.8

Source: ISTAT data

県のタイプ別に見た産業の付加価値ですが、最近では、日本でも同じだと思いますが、製造業の雇用はあらゆる先進工業国で減少しています（図24）。付加価値は減少しておらず、増加しています。高い付加価値を生み出す機能にますます集中して、生産のうち付加価値の低い部分は移転させているからです。また、このケースでも、産業地区のパフォーマンスの方が大企業を上回っています。

図24　県のタイプ別にみたイタリア産業の付加価値（百万ユーロ）

県のタイプ	2001	2007	変化率、%
産業集積地域	125,590	148,005	+17.8
大企業県+ その他の県	131,251	148,263	+12.9
イタリア合計	256,841	296,268	+15.3

これは県のタイプ別に見た貿易収支を示したものです（図25）。単位は10億ユーロで、ご覧のとおり、茶色の部分、黒字になっている部分が産業地区県で、青の部分は大企業県です。このケースでは、ミラノ県は別にしました。ミラノには大規模な貿易活動があるからです。ミラノを含めると、全体の様子が変わってしまいます。

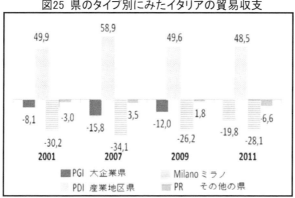

図25 県のタイプ別にみたイタリアの貿易収支

こちらは、製品のタイプ別に見たイタリアの製造業の貿易収支を示したものです（図26）。淡い青は、「メイド・イン・イタリー」分野で、貿易収支は常に黒字です。濃い青、赤字になっている方は重工業、大企業分野です。つまり、鉄鋼、化学、自動車産業です。

図26 製品のタイプ別にみたイタリア製造業の貿易収支（10億ユーロ）
産業集積財（淡青）、大企業財（青）

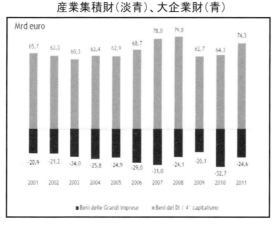

これは、95年以降、つい最近までの、専門分野別に見たイタリアの産業地区の輸出の傾向を示したグラフです（図27）。これは服飾雑貨です。繊維、被服、ジュエリー、革製品の輸出の傾向です。2001年にピークがあり、落ち込んで、その後回復し、金融危機以降急降下して、再び回復しているのが分かります。

図27　個人財（ファッション）に特化したイタリア産業集積の輸出金額（10億ユーロ）
1995～2013年

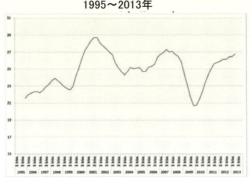

　こちらは、いわゆる家庭用品、家具とか陶器に特化した産業集積の輸出金額のグラフです（図28）。金融危機以前は服飾雑貨より良かったのですが、金融危機以降の回復はファッション財ほどよくありません。これは金融危機後、ヨーロッパだけではありませんが、特にヨーロッパで建築部門に深刻な危機が訪れたからです。

図28　家具および家計財に特化したイタリア産業集積の輸出金額（10億ユーロ）
1995～2013年

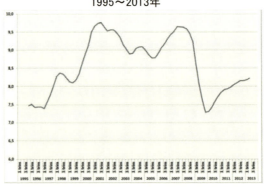

110

これは、軽機械工業に特化したイタリアの産業集積の輸出金額です（図29）。ご覧のとおり、金融危機以前は軽機械工業の輸出はとても良く、2000年代前半に急速な伸びを見せています。

図29 軽機械工業に特化したイタリア産業集積の輸出金額（10億ユーロ）1995～2013年

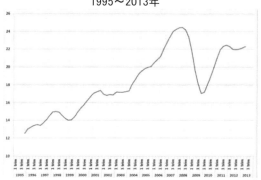

こちらは、いわゆる地中海料理と呼ばれる食品産業です（図30）。パルメザンチーズ、ワイン、ハム、特殊なパスタ、チーズ、そういったものがあります。こちらは増加を続けていて、これは非都市部地域の農業食品産業にとって意味があることだと思います。食品の質と安全性が評価されているので、これは重要な産業になれるでしょう。このケースでは、グローバル化は問題よりもチャンスをもたらすことができます。

図30 食品およびワインに特化したイタリア産業集積の輸出金額（10億ユーロ）1995～2013年

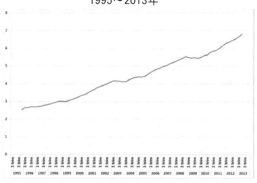

5．今世紀に入ってからのイタリアの産業集積の変化

　今世紀に入ってからのイタリアの産業地区の変化ですが、今世紀に入ってからの世界的な圧力の高まりを受けて、イタリアの産業集積や企業の多くは異なる反応を示しました（図31）。ほとんどの産業集積では、既に90年代に変化が始まっていましたが、それが加速し、広まって、地域の生産システムが変化しました。

図31　今世紀に入ってからのイタリアの産業集積の変化

- 今世紀に入ってからの、世界的圧力の強まりに対して、イタリアの多くの産業集積と企業は異なる反応を示した。
  ほとんどの産業集積では、1990年代に始まった変化、すなわち地域の生産システムをデザイン、イノベーション、ブランド化および流通に対する投資により、製品の差別化と品質の高度化の方向で構造転換させようとする動きが加速し、広がっていった。
  - 中規模企業の企業グループが発生した；中規模企業は地域外の外部組織を拡大させた：これらの企業は、国外の下請け企業や、都市部の知識集約的ビジネス・サービス企業と継続的な関係を結んでいる。

　どんな変化だったのでしょうか。例えば、標準的な繊維産業とか靴作りはもはや利益を出すことができなくなりました。品質の面で製品の差別化を図る傾向が生まれ、さまざまなニッチ市場の開拓も行われました。品質の向上は製品のいわゆる無形の側面に対する投資を強化させました。デザインとか、ブランド、それから新しい素材です。特にファッション業界に顕著で、デザイン、スタイル、ブランド、流通に対しても投資が強化されました。生産性の高い企業が衣類を生産するだけでなく、販売もするとなれば、知識も投資も全く異なるものが必要になります。

　他にも変化がありました。中規模企業が台頭してきたのです。統計的な観点からすると、中規模企業というのは従業員数が50人から500人で、売上が1,500万ユーロから3億3,000万ユーロの企業です。このような中規模企業が産業集積の外に組織を拡大し、産業地区の外だけでなく国外でも下請け業者と継続的な関係を築き、大都市圏、特にミラノの知識集約的ビジネス・サービス企業と継続的な関係を築くようになりました。

　今世紀に入ってからのイタリアの産業集積における多様な変化ですが、大企業に比べ、産業集積が全体的には優れたパフォーマンスを示している

グローバル化した経済におけるイタリアの産業集積（イタリア）

図31 今世紀に入ってからのイタリアの産業集積における多様な変化

- 産業集積(ID)は、全体としては大企業(LE)に比べて良好なパフォーマンスを示しているとはいえ、多様な企業と産業地区が圧力の増加に対して、同じ分野にある場合でも非常に**多様な対応**を示していることは、より詳細な分析の必要性を示唆している。
- こうした差異の全体像を暫定的につかむため、我々は適切と考えられ取得可能な地域区分である、県単位のデータに焦点を当てて、**イタリア全産業地区**の統計的分析を実施した。すなわち、各産業地区について次の指標を算出した（表5）：
  - 2001-2007年の雇用合計の変化；
  - 2001-2007年の中規模企業(**MSE**)における雇用の変化；
  - 2001-2011年の輸出の変化

とは言っても、その反応はさまざまでした（図32）。しかし、産業集積は非常にたくさんあるので、このような反応の分析は困難です。変化に関しては、全ての産業集積がうまくいっているわけではありません。分野によって違いがありますし、同じ分野の産業集積内にも違いがあります。一部の産業集積はある方向に変化し、一部の産業集積は違う方向に変化しています。

このようなさまざまな傾向の全体像を暫定的につかむために、私たちは利用できる統計データに基づいてイタリアの産業集積の統計的分析を実施しました。製造業、および県別の総雇用者数から見た雇用者数の変化、中規模企業の雇用者数の変化、そして輸出の変化を分析し、国全体との関連性を示すケーススタディ分析にもこの現象が表れるかどうか確認しました。

図32 統計分析が示す産業集積の変化傾向

傾向	雇用の変化 2001-07年	中規模企業 雇用の変化 2001-07年	輸出の変化 2001-11年
中小企業のあるID	-	+	+/-
構造転換中のID	-	-	+
従来型のID	+	+/-	+/-
危機にあるID			

MSE=中規模企業（雇用者数50-499人および売上高15-330百万ユーロ）

このような統計調査を行い、分析を行いました（図33）。その結果、四つの異なる傾向が明らかになりました。一部の産業集積には中規模企業の統合が見られます。このような統合は見られないが、輸出能力が向上している産業集積もあります。こういう産業集積を、私たちは「構造転換中の産業集積」と呼んでいます。

　中規模企業が台頭することなく、製造業の雇用数が増加している産業集積もあります。こういう産業集積は、「標準モデルを再現する産業集積」と呼びます。しかし、少しではなく、大量に雇用を失っていて、危機にさらされている産業集積もあります。こういう産業集積には中規模企業の台頭もなく、競争力が失われ、輸出能力も失われていました。

6. 統計分析結果の総合評価

　全体的な製造業の衰退と雇用の減少にも関わらず、多くの産業集積で雇用の低下はサービス業の雇用の増加によって補填されています（図34）。典型的な産業集積分野の輸出は、既にご覧いただいたように、軽機械工業へのシフトを伴って、比較的良好な状態が続いています。多くの産業集積で、再編には中規模企業の増加が伴っています。産業集積モデルが再現されているケースや、危機に陥っているケースもありました。

図34　統計分析結果の総合評価

- 全体的な製造業雇用の減少（地域空洞化）にもかかわらず、多くの産業地区(ID)では、その減少はサービス部門の雇用増加で補われていた。
- 典型的なID分野（メード・イン・イタリー）の輸出は比較的良好であったが、軽機械工業への明確なシフトがみられる（図12）
- 多くのIDにおいて、地域の再編は中規模企業における雇用の増加を伴った（表6）。
- 標準的なIDモデルが再び適用されるケースもみられたが、一方では、とくに個人・家計財に特化する地域において、IDが危機に直面しているケースもあった（表6）。

　この表は、これらの傾向の重要性を示したものです（図35）。ご覧のとおり、最も重要な傾向は中規模企業の台頭です。しかしながら、かなりの割合が危機に陥ってもいます。

　大危機が産業集積のグローバル化経済への対応に与えた影響ですが、2008年に突発した金融危機により、ご覧いただいたように輸出、そして特に

図35　今世紀に入ってからのIDの変化傾向と製造業雇用に対する影響

	雇用（千人）			変化率、%
	2001	2007	2009	2001-9
中小企業のあるID	1,967	1,760	1,626	-17.3
構造転換中のID	420	369	342	-18.6
従来型のID	50	50	43	-14.0
危機にあるID	79	60	54	-31.6
ID合計	2,516	2,239	2,065	-17.9

Source- Elaboration on ISTAT data

図36　大危機が産業地区のグローバル化経済への対応に与えた影響

- 2008年に突発した金融危機は、（国内、国外）売上高の急激な落ち込みをもたらした。この危機により、ほとんどのID企業は、まさに新しい競争関係への対応のために、新しい能力や関係の形成のために投資し始めたところを襲われる形となった。
- その影響は、個々の製品、企業あるいは地域によって異なっていた。しかし、一般的にみて小規模の企業（下請けや対消費者企業＜final firms＞）ほど、大きな打撃を受け、廃業の危機に直面した。
- 下請け企業には、生き残りのためには地域/国の外に新しい顧客を見いだすことが求められ、対消費者企業には、ちょうど内部資金と銀行貸出が不足しているときに、イノベーションと国際化に対する投資が求められることとなった。

国内販売の売上が急激に落ち込みました（図36）。危機は、産業集積が新しいシナリオに反応し始め、それに対応するために新しい能力や新しい関係に投資をし始めたまさにそのときに、ほとんどの産業集積の企業に打撃を与えました。

　その影響はさまざまでしたが、一般論として、より小さな企業、特に下請け企業や、いわゆる対消費者企業が影響を受けました。こういう企業は、産業集積内または産業集積外、しかし大抵は集積内ですが、そうでなければ集積でない所の下請け会社によって生産された製品のデザインや販売に特化している企業です。

　この新しい危機と、少なくともイタリアでその後に起こった債務危機によって、このような企業の多くが危機にさらされました。廃業の危機に直面しています。生き残るには、下請け企業は産業集積外に新しい顧客を見

つけ、対消費者企業は国際化して徹底的にイノベーションしなければなりません。漸進的なイノベーションではなく、もっと根本的なイノベーションです。需要が落ち込んでおり、銀行の融資や内部資金が不十分な時期においては、このようなイノベーションは特に困難なものです。

図37 2008年12月から2012年2月にかけてのイタリアの企業売上高

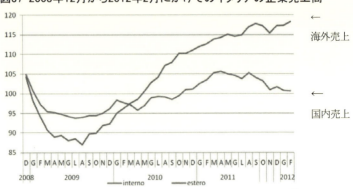

赤い線は、2008年12月から2012年2月にかけての工業企業の国外売上、青い線は国内売上を示したものです（図37）。国外売上の方がずっと優れているのが分かります。このことは、イタリア国内の需要不足の方が深刻な問題だということを意味しています。

図38 イタリア産業集積の構造改革の問題点

- 大危機の、イタリア産業集積の企業と雇用に対する影響は深刻なものであった：2010年以降、国内と国外で売上高の傾向に差があることは、全体として短期的には競争力の問題というよりも、需要低迷（とくに国内）の問題であることを示唆している（図14）。
- 2010年には一時回復したものの、そこ後の景気後退により雇用者数や企業数はさらに低下し、地域内での下請け関係に変化をもたらしている。これにより中期的には、IDモデルのダイナミズムの基本的要因である、典型的な知識の普及、起業家精神、および信頼関係、といった要素を、従来型のIDで再現するのは困難かもしれない。

調整の問題点ですが、イタリアの産業集積の企業と雇用に対する大危機の影響は深刻でした（図38）。国内販売と国外販売の傾向の違いは、競争力の問題というよりも、需要の低迷という問題があることを示しています。2010年に一時回復した後、再び特にイタリアが景気後退したことにより、さらに雇用者数と企業数が減少し、産業集積内の関係に変化がもたらされ

ました。協力的な競争関係が変化したのです。この変化は、産業集積の競争上の強みの源となっている典型的なソース、すなわち知識の拡散、アントレプレナーシップ、信頼関係を今後も獲得し続ける上で、中期的に非常に危険な結果をもたらす可能性があります。

　数字はラン・イン価格です。ヨーロッパ内にはユーロがあって、イタリアでは減価償却法の違いから議論があるからです。どの統計が優れていてどれが優れていないかによって、衰退している、衰退していないとする文献がたくさんあります。比較は主に EU 圏内で行われているので、ラン・イン価格を採用するのが最適だろうと考えました。

7．プラートのケース

　お時間があれば少しプラートについてもお話ししたいと思います。プラートのケースですが、プラート地区の繊維産業は30年以上も継続して成長を続けた後、80年代に危機に陥りました。品質を改善し、生産を差別化することで回復しました。80年代までは、プラートは主に再生繊維で作られる梳毛（そもう）製品を生産していました。それ以降は、工業用繊維、シルク製品、コットン製品などを作るようになります。評価される品質を生み出すようになりました。また、組織も変わりました。例えば、糸を産業集積の外に外注するようになったからです。それまでは、ほとんど全てが産業集積内で作られていました（図39）。

図39　プラートのケース

- 30年以上 (1951-1985)にわたり成長を続けたプラートの繊維産業は数年間にわたる危機を経験し、地域繊維システムの再編を迫られることとなった：
  - 企業数（下請け企業）と雇用者数の減少；
  - 繊維製品の差別化/品質の向上；
  - 生産の一部の地域外へのアウトソーシング；
  - 企業向けサービスの増加．

  地域の回復は1991年にはじまり、10年間続いたが、そのなかで、新しい繊維輸出の付加価値増加と雇用の安定がみられた。

　第2次大戦中の危機以来初めてとなるこの回復は、91年に始まり、2001年まで続きました。輸出能力が新たに高まり、繊維産業の雇用がほぼ安定していました。

　今世紀に入ってからの変化についてまた触れることはしませんが、貿易

の自由化があり、例えば多国間繊維取り決めの終了などがありました（図40）。競争関係の変化により、プラートの繊維システムに新たな危機が訪れました。繊維の輸出は2001年から2009年までの間に57％減少します（図41）。繊維産業の雇用数と企業数は2001年から2009年までに約40％減少しました（図42）。新しい危機は、繊維産業からの撤退を引き起こしました。

図40　今世紀に入ってからの新しい危機

- 競争関係の変化は、プラートの繊維システムに新しい危機をもたらした。
  - 2001-2009年の間に繊維輸出は57％減少：(表 7)
  - 2001-2009年の間に繊維部門の企業数と雇用者数は40％以上減少 (表e 8)
- この新しい危機は、地域の主要産業における投資、企業家と雇用者の革新を困難にし、繊維産業からの撤退もたらした；
  しかし、逆に言えば、この革新は競争力を回復するためには必要なものであった。

図41　プラート県：繊維被服の輸出入（2001～2010年）

百万ユーロ

年	繊維産業		被服産業	
	輸入	輸出	輸入	輸出
2001	602,2	2412,3	54,4	215,1
2002	565,8	2031,7	64,2	178,1
2003	499,5	1796,9	74,8	163,3
2004	509,8	1836,2	89,6	169,0
2005	511,8	1710,7	92,2	187,6
2006	542,0	1652,9	97,0	210,2
2007	496,2	1615,8	85,8	228,6
2008	403,6	1451,3	63,1	259,2
2009	330,3	1026,8	94,8	401,0
2010	492,4	1147,2	126,3	522,6

出店：プラート商工会議所

図42　プラート県：繊維部門の雇用者数と企業数（2001～2009年）

	2001年	2009年	変化率 %
企業	4,976	2,926	- 41.2
雇用者数	32,218	18,431	- 42.8

Source: ISTAT Census 2001 and ASIA 2009

これは、新しい競争状況によるものでしたが、地域の起業家の高齢化の影響もありました。特に小規模な企業の起業家の間で再生産が行われませんでした。地域の主要な繊維産業において、投資やアントレプレナーシップ、労働者の再生産がますます難しくなりました。こういうことが、まさに再生産が必要だったそのときに起こったのです。再び競争力をつけるために、新しい起業家、新しいアイディア、新しいイノベーションが必要でした。これは、この期間の輸出の減少と、企業数・雇用者数の減少を示した表です（図42）。

2001年から2009年に起こった繊維危機の悪化にもかかわらず、この地域の総雇用者数は比較的安定していました（図43）。何よりも、プラート県の収入は微減しただけでした。これはどう説明できるのでしょうか。これは、一方にはサービス分野と建設分野の増加によるものでした。プラートはフィレンツェからわずか15分の所にあるので、フィレンツェのベッドタウンとなる傾向があったからです。しかし、建設業だけが全てではありません。他にも何かがありました。

図43 新世紀におけるプラートの経済と社会の変化

- 繊維危機の悪化にもかかわらず、2001-2009年の間は総雇用者数は比較的安定しており、プラート県の所得は微減にとどまった。

- これには、サービス部門および建設部門の拡大も寄与したが、なによりも被服産業の成長によるものであった：2001年から2009年の間に、繊維産業の企業数はほぼ倍増した；しかし、その90％は、移入した中国人経営者の所有によるものであった(図15)。

- プラートの繊維システムの後退と、同地域における中国被服システムの台頭は、対照的な効果をもたらした：1. 繊維産業で失われた所得の一部は中国人移民が払う家賃収入で補われた；2. 大きい中国人コミュニティの存在と危機は、プラート内部に社会的緊張と政治的対立をもたらした。

この10年間、この地域には被服産業の大幅な成長がありました。2001年から2009年までに、アパレル企業の数がほぼ倍増しました。しかし、これらの企業の90％は中国から移民した起業家が所有するものでした。プラートの繊維システムの衰退と中国の被服システムの台頭が同じ場所で起こり、相反する影響を生み出したのです。一方では、繊維産業の収入の減少の一部が中国人による消費と収入の移転、特に中国人が払う家賃収入で補われました。他方では、大規模な中国人コミュニティの存在が、地域産業の危

図44 プラート県：繊維（青）および被服（全体　赤、中国人　緑）部門の企業数 2002～2012年

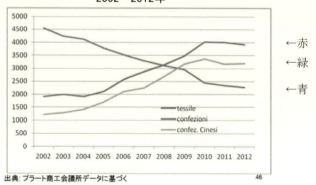

出典：プラート商工会議所データに基づく

機と相まって、この地域で社会的な緊張と政治的な対立を生み出しています。

　このグラフは、プラートでここ10年に起こったことを示しています（図44）。青い線は繊維産業の企業数（商工会議所のデータ）です。赤い線はプラート県のアパレル企業の数、緑の線はそのうち中国企業の数です。

図45　地元での開発政策

- 危機に対して共同克服に向け、プラート県政府は地元の様々なステークホルダーを動員するために、2005年に新しい発展のための戦略計画を打ち出した。
- 2009年には、プラート商工会議所も、地元経済の詳細な分析と、技術イノベーション、繊維と被服の統合、さらには工業と文化芸術活動の統合を促進することを目的とした、政策介入案を提案。
- これらの政策の一部(技術イノベーション、知識集約型企業サービス；環境に配慮した処理法、企業間ネットワーク)は、主に**EU構造基金**を利用して、トスカーナ地方で実際に適用されるようになっている。

　地元での開発政策について（図45）。産業地区において、もちろんプラートでも、地方政府が常に重要でしたが、このケースでは、地方政府が地方経済を回復させるため、政策を推進し、さまざまなステークホルダーを動員するための戦略計画を2005年に打ち出しました。また、他にもプラート商工会議所が2009年に詳細な分析と、技術イノベーション、繊維と被服の統合、工業と芸術・文化活動の統合を推進するための政策案を提案しま

した。

　一部の政策は、中央政府の資金を利用してトスカーナ地域によって実施されていますが、ほとんどは EU の構造基金、地域構造基金、地域結束基金でまかなわれています。

図46　地元での開発政策の効果

- 地元での開発政策の難しさは、地域の経済と社会を構成する様々な部分が、行動についてのプランと、それを実現するためのコミットメントを共有する必要がある点にある。
- プラートの危機は単に経済的なものではなく、社会的・制度的側面をも有していた。危機に先立つ10年の間に、社会的緊張と政治的な対立が経済危機を増幅させ、共同行為と政治的リーダーシップに対する不信が惹起されていたのである。Tこの状況は、現在までも、新しい発展についての共通ビジョンの形成と、それを適用するための共通のコミットメントを妨げている;このため、前述の政策もあまり成果を挙げていない。
- しかしながら、被服に特化した何千人もの中国人企業家の存在は、もし統合することができるのであれば、現在のグローバル化経済の下では、一つの可能性なのかも知れない。

　カールソン教授が指摘されていたように、クラスター政策や地方開発政策というのは簡単ではなく、非常に難しいといえます。このケースでは、一番の問題は政治的対立と社会的緊張により、地域経済に変化をもたらすための共通のビジョン、共通の計画、共通の取り組みを打ち立てることが不可能になっているということです（図46）。

　プラートの危機は、単なる経済危機ではなく、社会的危機、制度的危機でもあります。これは共同体の行動や政治リーダーシップへの不信を生み出しました。この状況は、政策が効果を生むのを妨げました。政策はもちろんいくらか効果をあげましたが、状況を覆すほど十分な影響はありませんでした。数千人もの若い中国人起業家の存在、特に10年以上も前から、90年代からいる起業家の存在は、もし統合がうまくいけば、グローバル化した経済という新しい状況において一つのチャンスになるかもしれません。

　ありがとうございました。

産業集積と「新しい製造業」

リーザ・デ・プロプリス
Lisa De Propris

　本日皆さまにご紹介したいプレゼンテーションは、タイトルからもお分かりいただけると思いますが、新しい製造業のコンセプトを背景に、産業集積という概念がどう変化してきたか考察してみるというものです。特に、ある程度まで、幾つかの産業集積を取り上げたいと思っています。これはあらゆる種類の産業集積やクラスターにも当てはまります。また、どんな産業を抱えるかということによって経済成長の仕方が規定されているので、さまざまな場所にも当てはまります。

　このプレゼンの内容は、特にヨーロッパにおいて（この研究はヨーロッパをベースにしており、特にイギリスやイタリアをベースにしたものではありません）、産業集積や地域がどのように開発パターンを模索し、調整しているか、二つのことを背景に理解することを目的としています。この二つの背景というのは、製造業の性質が変化しているということが一つ、そしてもう一つは、現在私たちが経験している技術革命です。

　この研究はかなり概念的なものですが、実際の例も取り上げていきます。3種類の異なる文献を参考にしており、それはグローバルなバリューチェーンに関するもの（後ほど簡単に説明します）、産業集積に関するもの、そして現在非常に流行している技術の変化に関するものの三つです（図1）。

　このプレゼンで私が取り組みたい主な疑問が幾つかありますが、まずは、ヨーロッパのような高コストの経済が依然として成り立つのはなぜかということです。現在、ヨーロッパの成長にとって、もの作りが非常に重要になってきています。ブラウン先生のプレゼン（本書に収録）がまさにその核心を突いていた

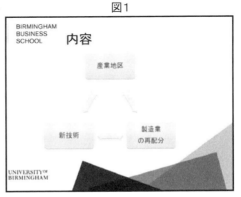

図1

図2

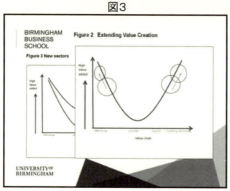

図3

と思います。強い製造業ベースを維持することができている国は、より成長が速く、2000年代にあった、競争上有利な為替レートなどのチャンスをうまく生かすことができました（図2）。

　それから、どんな製造業を問題にするのかという点です。何を作っているのかが重要です。今中国で作っているものを、ヨーロッパに取り戻すことはできません。一部の製品は永遠にヨーロッパから去ってしまいました。ですが、ヨーロッパでも競争的な方法で作ることができるものがあります。私たちは技術革新の真っただ中にいますから、技術の変化が現在非常に重要なポイントになっていると思います。後ほど手短にもう少し説明しようと思いますが、ポイントは、誰がその恩恵を受けるのか、このような技術革新が示唆する重要な意味とは何かということです。

　こちらのグラフ（図3）は、後ほどまた使用しますが、典型的なバリューチェーンのツールです。横軸は典型的な生産プロセスを示しています。研究と設計、研究開発があり、組み立て、生産、ロジスティック、そしてマーケティングと広告があります。1990年から2000年までの間に分かったことは、生産過程では大して付加価値が生まれないということでした。そのため、より低コストの経済に生産を移す必要があったのです。一方で、設計、研究開発、マーケティング、広告は価値の創造において、より貢献度が高いと考えられています。したがって、この部分ではよりスキルの高い労働力が必要になります。この部分はコストが高く、価格も高くなります。

後ほど、このスマイルカーブを使って、ヨーロッパが自身を競争力ある存在にするには、この曲線をどのように書き直せばいいのか、説明したいと思います。ヨーロッパにおける製造業を再検討するツールとして、この曲線と曲率を使って話を進めたいと思います。

1．ベカッティーニ産業集積

図4

　最初に、産業集積の目的についてお話したいと思います。というのも、産業集積は競争力ある地域の成功要因を導いてきたモデルだからです。もともとは、特定の場所における特定の産業がなぜ成功するのか、理解するためのモデルでした。ベカッティーニモデル、すなわちベカッティーニが紹介した産業集積のモデルは、それぞれの場所は、そこに住む人々によって、またその地域の産業文化によって、自己を識別するという見解に基づいています。地域化された知識プールがあり、強固で層の厚い社会的・制度的枠組みがあり、「アニマル・スピリット」と私が呼ぶ、主に利益やビジネスチャンスを追い求めるビジネス的本能が存在します（図4）。

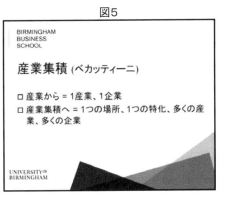

図5

　このプロセスのダイナミズムは、1990年代にイタリア人の経済学者によって確認されました。当時イタリアはこのモデルを確認するのに重要な産業が急成長していました。私たちは初めて、セクターとしての産業だけでなく、特定の地域に立地する産業の重要性を理解しました。産業それ自体だけでなく、特定の場所において産業

が自己を識別するということです。産業集積内にバリューチェーンが存在し、たくさんの企業が存在するので、一つの場所としての産業集積というだけでなく、一つの専門性を持つ産業集積になるということです。これはクラスターです。ビジネスの集合体です(図5)。

さて、産業集積の黄金時代は1980年代と1990年代でした。この時期は拡大する不確実な国内需要と輸出に後押しされ、極めて差別化された、変化しやすい需要が見られました。

需要はとても好奇心旺盛で順応性があり、柔軟に要求を満たすことが可能なビジネスシステムのダイナミズムが見られました。確立された技術を活用して産業集積が生み出すことができる、高度な漸進的イノベーションがありました(図6)。

これは非常に重要なポイントだと思います。1990年代、2000年代初めは、技術サイクルの終わりの時期でした。そこでイノベーションが根本的に漸進的であることの重要性が確認されました。行動によって学ぶ、交流によって学ぶ企業は、常に新しいものを見つけることでマーケットを追求し、マーケットに存在する隙間を埋めることができました。しかし、新しいと言ってもほんの少し新しいという、漸進的な新しさで、必ずしも根本的に新しいということではありません。多くのイノベーションが、例えばバイヤーとサプライヤーの間のバリューチェーンに沿ったダイナミックなイノベーションを通じて生まれました。そこには、献身的なローカルの法人向けビジネス、ローカルな制度に対する強いサポートもありました。

もう一度この曲線を使ってみま

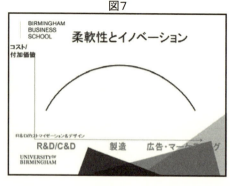

すが、当時はこの曲線が逆さまになっていたと言えます（図7）。ものを作る段階で高い価値が創造されていました。特に、企業が非常にフレキシブルであれば、当初は非常にフラットになります。イノベーション、設計、創造性のおかげでビジネスやシステム、産業集積がフレキシブルになることができ、非常に迅速に需要に対応できていました。従って、特に1980年代と90年代には、もっと硬直した大企業よりも、常に競争力を持つことができたのです。

図8

BIRMINGHAM
BUSINESS
SCHOOL

1990年以降のチャレンジ

□ 生産のグローバル化: 高コスト経済と低コスト経済を分断する
□ 需要のグローバル化
□ 2000年以降: 技術のシフト

UNIVERSITY OF BIRMINGHAM

　今、このモデルは明らかに変化のプロセスの真っただ中にあります（図8）。主に二つの課題があります。これらの課題が、産業集積にとっての課題です。ただし、これはイタリアだけでなく、ヨーロッパ中に存在するあらゆる種類のクラスターに関しても同じことが言えると思います。フランスやイギリスの同様のクラスター現象の一部、それからブラウン先生が話してくれたドイツのより成熟したクラスターについても、同じことが言えます。

　ここ10年で生じた二つの主な課題というのは、一つは生産のグローバル化、それによる高コスト経済と低コスト経済の間の分断です。これはヨーロッパでは非常に速く起こりました。ヨーロッパは全く対応することができず、非常に苦しみました。二つ目は需要のグローバル化です。また、特に過去10年間、一部で技術・科学パラダイムのシフトと呼ばれる、大きな技術のシフトがありました。私たちは恐らく、電気の発明のような大きな変化を経験していて、10年後の世界は今の世界とはまったく異なるものになっていることでしょう。

　このことは、企業がどの技術に投資すべきか、迷ってしまうということを意味します。例えば自動車産業だったら、将来は電気自動車か、水素自動車かといった具合です。企業は今後投資したくなるでしょうが、迷っています。今、私たちはこの根本的な変化の真っただ中にあるため、判断を誤るのを恐れ、本当はもっと多額の投資ができるのに、それほど投資して

いないハイテク企業がたくさんあります。こういった企業は一方で、どの方向に進むべきか、政府が示してくれることを期待しています。例えばフィンランドなど北欧諸国では、技術のシフトに関する政府の明確な指示が存在するため、企業がリスクを冒して新しいイノベーションに投資する傾向がはるかに強くなっています。

　いずれにしても、生産のグローバル化と技術の変化によって、産業集積やローカルな産業集積モデルが弱体化していることは確かです。ブラウン先生が話してくれた例でも、今現在、恐らく大きな技術の変化を経験しているのではないかと思います。

2．生産と需要のグローバル化

　次に、これらを一つずつ簡単に見て行きたいと思います（図9）。まず、生産のグローバル化です。1990年代に中国が世界の生産者として台頭したことにより、貿易のパターンだけでなく、生産のパターンも変化し、労働力が世界的に分断されました。グローバルな競争も国内の競争も変化し、新たにより安価なプレーヤーが生まれたわけですが、これらの新参者の一部は必然的に自分たちを工業国として位置づけることを目指しました。これらの国々は製造業を通じて工業化を始めましたが、これは中期的、長期的に早く発展するための最も持続可能で、最も成功しやすい手段です。しかし同時に、これらの国々は攻撃的な輸出戦略で工業化を進めることに焦点を絞っていました。明らかに、国内市場向けではなく、輸出市場向けに生産をしていたわけです。これは世界的に見られた自由貿易指向によって大いに後押しされました。

　このことは、ヨーロッパの産業集積のほとんどが、中・下位市場から完全に消滅することにつながりました。これらの新興国もまさにこのようなローテクのミドルマーケット向けに生産していたからです。ハイエンド市場のみが依然として力を保ち続けました。産業

図9

BIRMINGHAM
BUSINESS
SCHOOL

生産のグローバル化
- 国内およびグローバルな競争の変化
- 新しく、より安価なプレーヤーたち
- 伝統的な分野を起点に工業化しようという決意
- 攻撃的な輸出戦略
- 自由貿易指向

UNIVERSITY OF BIRMINGHAM

集積を、特にこういうトップエンド市場向けのものとして位置づけることが非常に重要になりました。こういうハイエンド市場はグローバルなものです。同時に、世界的な需要というのはある程度の生産スケールを必要とするため、ある程度の規模の経済も必要になります。ところが、こうした企業の競争力は完璧なものではありません。企業は非常に安定した、安定した需要があるニッチ向けに自身を位置づけることになりました。こういうことが起こり、トップエンド市場向けに自身を位置づけることができたマーケットや産業集積のほとんどは、この非常に異なる世界で実際に生き残ることができました。こういった企業

は、ブランド化やカスタマイゼーションといったアップグレードされた戦略を取り入れ、製品企画を向上させました（図10）。

　今日は、巨大な多国籍コングロマリットが存在する世界です。世界中に重要なネットワークがありますが、それでも依然として「場所」が重要だと言えます。例えば、今回のようなシンポジウムでは、人々が依然として自分の住んでいる場所でどのようなものが生産されるか気にしていることが分かります。多国籍企業がどこに拠点を置くか決定する上で場所を気にしないとしても、その場所に住んでいる人にとっては、多国籍企業がどこに来るかは重要なことです。ですから、社会と経済の繁栄にとって、場所は依然として非常に重要だと言えます（図11）。

　産業集積で見られる分業は、上向きの円弧から、下向きの円弧に変化しました（図12）。製造は価値の創造機能が低くなりました。従って、製造にはあまりお金を使う必要がなくなり、労働コストが安い場所に移転させる

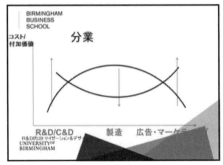

図12

必要が生じました。高コスト経済に残されたものは、広告、製造、研究開発です。

しかし、金融危機から、過去10年で分かったことは、製造業とサービス業の優れた再統合なくしては持続可能な成長をヨーロッパで実現することはできないということです。なぜなら、次に起こる重要な出来事として、広告やマーケティング、さらには研究開発も含めて、こういうサービスの多くが製造業の後を追い、東に移り始めているからです。これはアジアにとっては明らかに素晴らしいことで、アジアでは例えば研究開発への投資額が増えていますが、ヨーロッパからは再びリソースが流出していくことになります。

3．課題に対する成功している産業集積の反応

こういう課題、特に生産のグローバル化という課題に、成功している産業集積がどのように対応しているかということで、それはローカルな生産とグローバルな移転を合体させるというものです（図13）。たくさんの産業集積が空洞化して、特に付加価値の低い機能がより低コストな経済に大幅に移されました。同じ産業集積の中に、一部の機能は残っていますが、その他の機能は外部に移転されるというデカプリングが起こっています。これは、皆さんも想像できると思いますが、システムの骨組みを破壊することになります。これはクラスター内部における生産の骨組みを壊します。こういう現象がもたらすリスクの結果、産業集積の多くがデカプリン

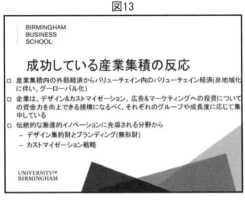

図13

グに苦しみ、イノベーティブな競争力を維持することができないため、現在衰退の一途をたどっています。

しかし、中にはイノベーションする方法を変え始めた産業集積も見られます。伝統的な漸進的イノベーション型のセクターから、もっとデザイン性を高めたり、製品のブランド化や、カスタマイゼーション戦略を取る方向に転換しています。こういう産業集積で使用される高度化戦略は、どのセクターが中心かによりますが、例えば衣服やアクセサリーではブランド化、機械類やエンジニアリングではカスタマイゼーション、家具ではデザイン中心戦略に裏打ちされた非常に洗練されたハイデザインといった戦略です。これによって、産業集積システムの製造コンポーネントを維持しつつ、製品をトップエンド市場で位置づけることが目指されています。

一部には、服飾産業（例えば、メイド・イン・イタリーの洋服やファッション）はローエンドの非常に伝統的なセクターだと言う人もいます。衣服とか、服飾品とかです。ですが、明らかに多くの文献が示しているように、これはエンジニアリング製品ではないので、こういう製品が持つ中身、ハイデザインからは何も取り除けないということです。また、デザインは非常に新しい重要な実現技術でもあります。デザインは付加価値を生み出す重要な手段であり、過小評価してはなりません。機械エンジニアリングやハイテク産業は重要ですが、デザインのようなソフトテクノロジーの重要性も過小評価してはならないと思っています（図14）。

スマイルカーブをもう一度見てみると、より付加価値の高い機能からの製造デカップリングという点において、これが2000年代初めに産業集積が直面した大きな脅威だったとすると、一方では曲線を平らにしようする活動の集中が見られます。このことは、生産活動がそれ自体の中で価値を生み出せるようにすることを意味します。つまり、移転しなくていいということです。こういう仕事は低スキルの仕事ではないので、ヨーロッパにいても競争力を維持

図14

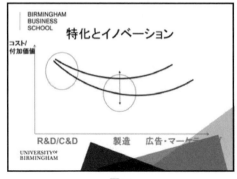

図15

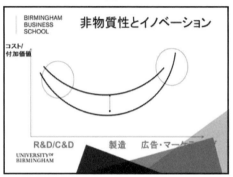

図16

することができます。ブルーカラーの仕事ではない、明らかにホワイトカラーの仕事なのです。こういう仕事はいわゆる「白衣ジョブ」と呼ばれています。白衣が必要だからです。このような製造工場では、このようなエンジニアが働いています（図15）。

もう一つの戦略は、こういう製品の非実体性、無形性を高めるというものです。ブランド化でしていること、デザイン性の高い製品にあるのはこういうことです。ある肘掛椅子を買うのではなく、その全体的な概念、その背景にある無形の高度な中身を買うわけで、それはつまりデザインだったりブランドだったり、こういう非実体性を提供するものなのです。これは競争のレベルを変え、生産は付加価値の低い機能であるという認識から転換させるものであるため、根本的な重要性を秘めています（図16）。

一方で、生産のイノベーションと合体させなければならないという考えがあります。例えばハンドバッグを生産する人が、4,000ユーロでそのハンドバッグを売ろうとするには、その生産に対して明らかに高い付加価値をつける必要があります。顧客だって馬鹿ではないからです。製品に価値がない時はそれが分かります。ですから、生産をデザインのイノベーションと再び合体させる必要があるのです。依然として産業集積の形を保って成功している産業集積では、このような戦略が非常に重要な戦略となっています。

4．メイド・イン・イタリーのパフォーマンス

次にメイド・イン・イタリーのパフォーマンスについてですが、これは今お話していることがうまく行っているということの証明ですので、ご紹介したいと思います。こういう戦略に伴う危険は、もちろん、雇用の減少です。新しい製造業は、古くからの製造業と同じ規模の雇用になりません。それというのも、新しい製造業はそれ自体が非常に高度なスキルを持つ労働力で構成されるからです。したがって、これらの労働力が担う機能、これらの労働力が生み出す付加価値ははるかに高くなります。そしてもちろん、これはこのような労働力の必要性はそんなに高くないということを意味します（図17)。

図17

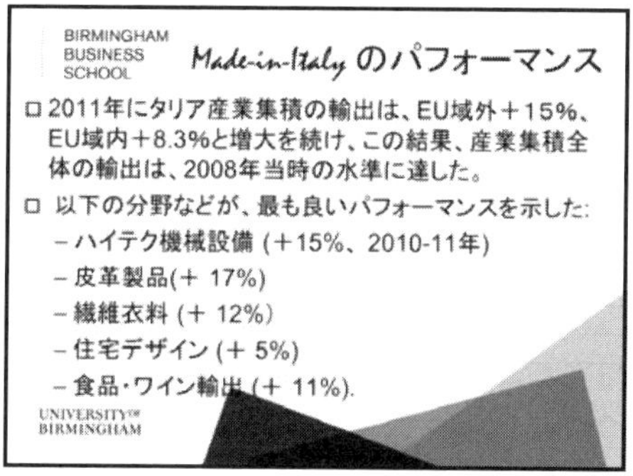
BIRMINGHAM
BUSINESS
SCHOOL
Made-in-Italyのパフォーマンス
□ 2011年にタリア産業集積の輸出は、EU域外＋15%、EU域内＋8.3%と増大を続け、この結果、産業集積全体の輸出は、2008年当時の水準に達した。
□ 以下の分野などが、最も良いパフォーマンスを示した:
－ハイテク機械設備 (＋15%、2010-11年)
－皮革製品(＋ 17%)
－繊維衣料 (＋ 12%)
－住宅デザイン (＋ 5%)
－食品・ワイン輸出 (＋ 11%).
UNIVERSITY OF
BIRMINGHAM

さまざまな課題にもかかわらず、また、経済危機によってもたらされた景気の低迷にもかかわらず、グローバル経済の中で、競争力のレベルを維持しているイタリアの幾つかの産業集積の戦略についてお話ししてきましたが、ほとんどのイタリアの産業集積で、依然として輸出の成長が見られます。輸出が好調な産業集積がたくさんあり、高い付加価値の製品を依然として非常に大量に輸出し続けています。中には、ヨーロッパの平均よりはるかに高いレベルで輸出しているところもあります。

ご覧のとおり、2011年には、全体的な景気の低迷にもかかわらず、このような一部の輸出はかなり好調でした。ただし、これはアジアの景気が減速する前で、中国が減速する前のことで、その当時はアジアへの輸出が大幅に伸びていました。ご覧のとおり、これらの輸出セクターのうち最も好調だったのはハイテク機械設備です。例えば、私はよくシンガポールに行きますが、ある時 F1 のグランプリがありました。ご存知のとおりシンガポールグランプリは夜に開催されるので、サーキット全体を照明できる企業を探さなければならなかったのですが、大規模な選定プロセスを通じて

選出されたのはイタリアの企業でした。私はとても驚きました。もちろんとても誇りに思いましたが、イタリア企業だったことにとにかく驚きました。

こういう本当に素晴らしい企業があって、世界を相手に競争でき、製品や知識を輸出しています。ハイテク機械設備の輸出の他には、「メイド・イン・イタリー」として知られる皮革製品や繊維、服飾、住宅デザイン、そしてもちろん食品があります。

図18

びっくりさせられるのは、この非常に好調な輸出パフォーマンスが、非常に低い生産性のレベルによって蝕まれていることです。生産性は非常に重要な問題です。イタリアの統計を見ると分かることは、産業集積における企業は産業集積の外にある企業より生産性が高いということです。しかし、全体としては、イタリアの生産性は依然としてとてもとても低いのです。また、1995年から2006年の間に、むしろ生産性の後退が見られました。しかしこのことはもう20年も前から続いている問題だということになります（図18）。

同様に、付加価値に対する制約もあります。付加価値の成長は特に危機前に落ち込みました。ここでも、産業集積内の企業の方がその他の企業より優れていますが、全体としては付加価値がかなり低水準です。これは私にとって、依然として疑問が残っている問題です。付加価値や生産性の指標が非常に悪いのに、なぜ輸出パフォーマンスが好調であるのか、ま

図19

だよく分かりません。これは現時点で私が研究を進めているテーマです。それというのも、こういう数字ではきちんと説明できないからです（図19）。

　イタリアの同僚と共同で執筆した論文で、私は産業集積として知られているモデルが生産のグローバル化によってどのように変化しているか、理解することを目指しました。産業集積は一部の付加価値の低い機能を移転させることで、生産プロセスをオープンにしなければなりませんでした。世界中の多数の競争相手の存在によって弱体化した国内市場や国際市場に対しても、市場をオープンにしなければなりませんでした。

　その結果、一部のセクター、特に先進的な製造業で、産業集積を変化させる非常に強い力が働くようになりました。例えば、企業の規模が大きくなりつつあります。また、こういう産業集積の中にグループが生まれるようになりました。例えば、産業集積内で付加価値を生み出し、それを高めるビジネスサービスの台頭が見られます。この論文では、オープン産業集積について考え始め、何度も議論しました。

　私たちは数年前にこの論文を書きましたが、いまだに、オープン産業集積は依然として産業集積と言えるのだろうかという問いに取り組んでいます。言葉自体を変える以前に、このコンセプトがいかにフレキシブルで変化しやすいものであるか議論することは、アカデミックな議論だろうと思います。ですが、現在の産業集積、特に成功している産業集積が、地域を越えた要素を持っていることは疑いようがありません。グローバルでありながら、同じくらいローカルでもあるのです。このトランスローカリティこそが、これらの産業集積が成功している理由です。その現在の成功、グローバル市場で自身を位置づける能力、そして、自身が育ってきた場所に埋め込まれた知識や能力を活用する能力、これらをトランスローカリティで説明することができます（図20）。

図20

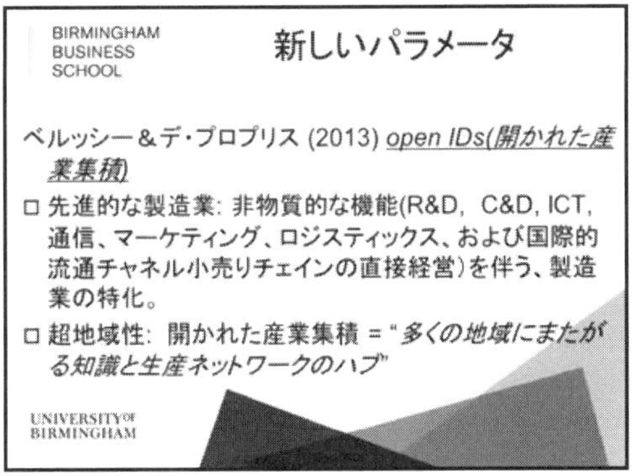

BIRMINGHAM BUSINESS SCHOOL

新しいパラメータ

ベルッシー＆デ・プロプリス (2013) *open IDs(開かれた産業集積)*
□ 先進的な製造業: 非物質的な機能(R&D、C&D、ICT、通信、マーケティング、ロジスティックス、および国際的流通チャネル小売りチェインの直接経営)を伴う、製造業の特化。
□ 超地域性: 開かれた産業集積 = "多くの地域にまたがる知識と生産ネットワークのハブ"

UNIVERSITY OF BIRMINGHAM

5．製造業の新しい概念化

次に、産業集積を再定義する議論は、私の考えでは、製造業の新しい概念化と一緒に考える必要があります。製造業は劇的に変化しました。私は先月 3D 印刷や新しい製造業、第3次産業革命、デジタル技術、デザイン、グラフェンなどについての書籍にすっかり夢中になっていたのですが、なぜ私たちが変化の真っただ中にあるのか、私たちの技術・科学的パラダイムにおける世代交代はどのようなものなのか、説明してくれる本も幾つか出されています。

さて、着実に変化している製造業ですが、製造業は高コスト経済で変化しています。どのように変化しているかというと、何よりも製造業が第3次産業化しています。製造業と完全に一致した、深く関わり合ったサービス業が生まれ、この二つが切り離せなくなっています。ここにはコンピテンスの異なる構造があります。ですから、製造業、あるいは製造クラスターについて今話すには、こういう企業の恐らく半分くらいは実際にはサービス業なのだということを念頭に置かなければなりません。もはや、従来の意味での製造業企業ではないのです。

実際のところ、先進製造業は徹底的に技術が隅々まで詰め込まれた技術のパッケージになっています。特にヨーロッパ諸国では、多くの製造業企業が今ではほとんどカスタマイズ製品しか生産していません。大量生産、大規模の生産はアジアに移ってしまいましたが、顧客の価格弾力性が高く、生産者と消費者の間にコアイノベーションの大規模な要素があり、たった一つの製品が求められるときには、生産において有利な立場に立つことができます。それから、私がお話してきた変化には二つの新しいことがあって、その一つは新しい技術の台頭です。

ヨーロッパでは、鍵となる実現技術が話題になっています。これは、自動車産業から新素材、化学、医学、製薬まで、あらゆるセクターを根本的に変化させる技術のことです。こういうセクターはいずれも、鍵となる実現技術のおかげで根本的に変化しつつあります。そして、私が非常に重要だと思うことは、環境アジェンダ、グリーンアジェンダが雇用を生む経済として今台頭しつつあるということです。新しいセクターが生まれて企業にサービス、知識、コンピテンスを提供していますが、こういった企業自

身が新しいセクターとして成長しつつあります。グリーンアジェンダを中心に、新しいセクターが生まれつつあるのです。

私は最近ヨーロッパの特許に関する研究を行い、こういう技術の重要性について考察しました。私たちが確認できたのは、グリーン特許が急速に増えているということです。また、ロケーションが非常に重要であることも分かりました。特許が生まれる場所に近い場所の方が、他の場所より速く成長しています（図21）。

6．技術の変化

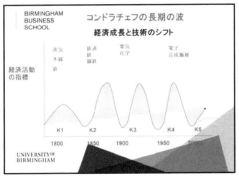

技術の変化についてもう少しお話ししたいと思います。こちらを詳しく見てみたいと思いますが、これは非常に重要だと思います（図22）。なぜなら、私の考えでは、私たちの地域にある産業が、今の段階で新しい技術とつなぎ合わされることでどのように変化できるか理解できなければ、地域の成長を理解できないと思うからです。イノベーション関連の文献では今、経済成長と技術のシフトの間の関連についての大きな議論がなされています。

コンドラチェフはその研究において、長期的な景気変動を研究しました。彼は、過去200年間で50年ごとに技術パラダイムのシフトが起こっていると主張しています。ご覧のとおり、蒸気、木綿、鉄、鉄道、電気、電子があり、今はちょうどここになります。もうここの後かもしれませんが、こ

こを通り抜けていく最中です。経済は大規模な不景気の真っただ中で、ヨーロッパや米国を超えて世界中に不景気が拡大しています。ただし、米国はこのところ成長が加速しています。

ですが、全体としては、世界経済は後退していて、この後退の一部はこれまで支配的だった技術の消耗が原因です。新しい技術が生まれていますが、その潜在力はまだ実現されていません。これは新しい成長の道になるでしょう。このような技術が何をもたらしてくれるのか理解できたら、このような技術が私たちの技術的・経済的パラダイムをどう変えるか理解できたら、すぐに新しい成長の道が開けていくでしょう。この理論に従えば、これは今後5年から10年のうちに起こるはずです。

そして、その技術が基本的に今後50年間の成長を支え、その後また変化が起こります。例えば、医学部にいる私の同僚は、医療が劇的に変化していると言っていました。遺伝学のおかげで、あと20年もすれば、私たちが話している医療と、私たちが今目にしている医療は全く違うものになると見られています。病気の治療、あるいは予防の方法が大きく変化し、今とは完全に異なるものになります。遺伝学の研究によって、例えば健康の定義も完全に変わります。これは製薬や医療機器など多くのものに影響を与えます。

このような技術の変化には、グリーンセクターやバイオテクノロジー、デジタル、医療、新素材といったセクターが含まれています。興味深いことに、こういう変化は新しいイノベーションを生み、育て、さらにイノベーションを広げていきます。今企業が不安を抱えているのはそのためだろうと思います。不安というか、パラダイムとして何が出てくるのか考えあぐねているのです。一部のセクターではまだ分岐点にいる段階なので、これから投資が始まるでしょう。これからの50年でどの技術が支配的になるのか、まだはっきりしていません。それがはっきりしてくれば、漸進的イノベーションが広がっていき、あらゆる市場機会を満たしていくことになります。

また、非常に重要なこととして、私たちは企業をこのような新しい研究開発インフラとつなぎ合わせる必要があります。企業はこういう変化を活用し、利用し、発展させ、応用することを通じて、これらの新しい技術を理解できなければならないからです。そのため、今の段階では大学と企業

の結びつきが非常に重要になっています。今取り上げた、このような新しいイノベーションの多く、このような変化の多くは、研究所の中、大学の中、プロトタイピングやテストの中で生まれていますが、まだ市場には出てきていません。こういう製品の一部に関しては市場が生まれつつありますが、こういう特殊な市場がどのくらい持続するか不透明であるということは非常にはっきりしています。

　例を挙げると、私は日産の電気自動車、リーフを持っています。ヨーロッパでは電気自動車を持っている人はほとんどいませんが、バーミンガムは充電ポイントのインフラを構築したので、私はどこに行っても車を充電することができます。これは技術を実証する極めて興味深い方法だと思います。公平を期して言いますと、電気自動車は汚染の原因にならないということでイギリスでは税金がかからないので、私は少なくとも１年間は全く車にお金がかかりません。バーミンガムではどこに行っても無料で充電できるので、車には全然お金がかからないのです。イギリスには電気自動車を買うインセンティブがたくさんあるのに、なぜ電気自動車が普及しないのでしょうか。それは、この技術がどのくらい長持ちするか、はっきりしていないからだと思います。こういう一部の技術に関しては市場がまだ準備できておらず、市場の準備が整っていないため、企業が十分投資しないのです。

　なぜ全ての自動車メーカーが電気自動車を作らないのでしょうか。例えば BMW など、ドイツの自動車メーカーは電気自動車よりもハイブリッドを優先させています。他の技術で環境に優しくできると考え、純粋な電気自動車を実験するという道には進みませんでした。これは、私たちが新しい技術の変化の分岐点に立たされていて、消費者が何を買ったらいいのか分からないため、企業も何を作ったらいいのか分からないということを意味しています（図23）。

図23

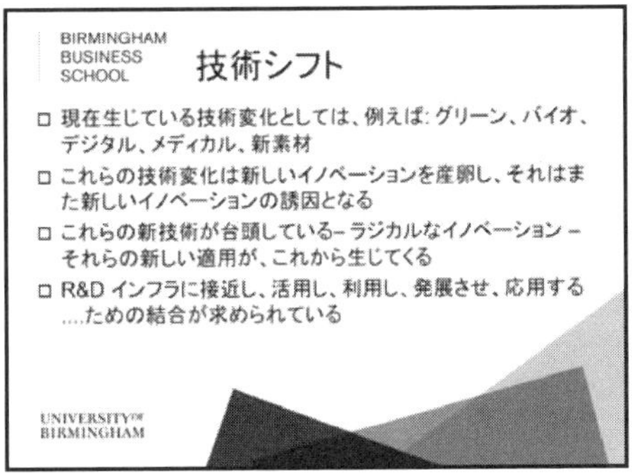

BIRMINGHAM BUSINESS SCHOOL

技術シフト

- 現在生じている技術変化としては、例えば: グリーン、バイオ、デジタル、メディカル、新素材
- これらの技術変化は新しいイノベーションを産卵し、それはまた新しいイノベーションの誘因となる
- これらの新技術が台頭している－ラジカルなイノベーション－それらの新しい適用が、これから生じてくる
- R&D インフラに接近し、活用し、利用し、発展させ、応用する....ための結合が求められている

UNIVERSITY OF BIRMINGHAM

7．流通する製造業

次に、これは米国で発表された新しい文献です（図24）。これらはとても興味深い本です。まだお読みでなかったら、ぜひご一読されることをお勧めします。これらは流通する製造業と呼ばれる、新しい世代の製造業についての洞察を与えてくれます。

図24

ここでは、世界において、二つのことが劇的な変化をもたらしていると主張されています（図25）。一つはデジタル技術で、もう一つは代替エネルギーです。私たち一人一人が基本的に自分でエネルギーを生産できるようになるということです。この新しいモデルで主張されていることは、イノベーションと作ること、製造業の再結合を可能にするということです。特にこの本で主張されていることは、技術の変化、特にデジタル技術の変化は、私たちのコミュニケーションの方法を変化させているということですが、3D印刷などの技術も導入されています。付加製造（Additive Manufacturing）は今起こっている最も重要な技術の変化です。これにより、基本的に誰でも何かを作れるようになるからです。これはつまり、工場モデルは必要なくなるということを意味します。製品を生産するために、大規模な施設は必要なくなります。ただ3Dプリンターがあればいいのです。

図25

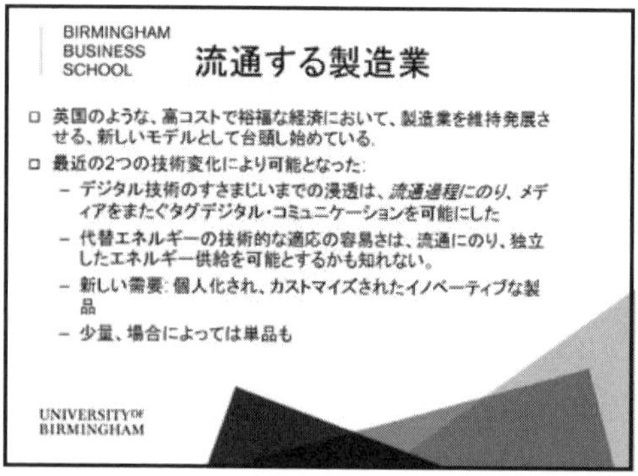

これが多くの製品の大量生産に取って代わるものではないことは明らかです。しかし、イノベーターが生産者にもなれるという方向に向かっていくことに

なるでしょう。こういうイノベーターは、非常に小さな、しかしとても儲けの大きい市場のニッチを捉えることができるようになります。今成長している、パーソナライズ、カスタマイズされた、非常に革新的な製品に対する新しい需要はとてもイノベーティブな人々、あるいはそういう人々の小さなグループによって満たされるようになり、こういう人たちはイノベーターであると同時に、企業や工場に頼らずに自分の製品を生産するようになります。自分のイノベーションをライセンス供与したりしなくて済むのです。自分が欲しいものを、自分で生産できます。

　このことは、特にトップエンド製品が市場に到達する方法を劇的に変えます。これからはイノベーターが生産者になれるのと同時に、販売者にもなれるからです。このような人たちがウェブサイトを作って自分の製品を販売するのを妨げるものは何もありません。このことはたくさんの高級なトップエンド製品、高い付加価値を持った製品がイノベーションされ、生産され、販売される方法を劇的に変えるでしょう。

　こういった生産モデルは、技術によってイノベーターが生産者になり、仲介人を通さずに直接市場とつながれるようになることを示唆しています。生産者と顧客の相互作用がより密接になり、消費がより広がると同時に、生産がより広がっていきます。こういったことの全てがデジタル技術のおかげで可能になります。デジタル技術は生産プロセスを完全に変化させるだけでなく、コミュニケーションのプロセス、流通のプロセスも完全に変化させるのです（図26）。

図26

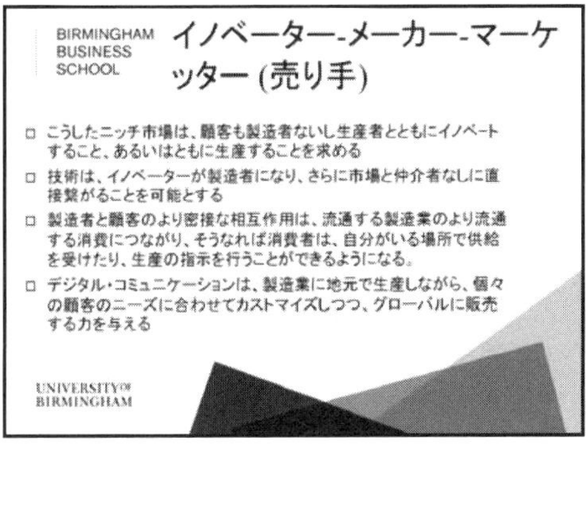

BIRMINGHAM BUSINESS SCHOOL

イノベーター-メーカー-マーケッター (売り手)

□ こうしたニッチ市場は、顧客も製造者ないし生産者とともにイノベートすること、あるいはともに生産することを求める
□ 技術は、イノベーターが製造者になり、さらに市場と仲介者なしに直接繋がることを可能にする
□ 製造者と顧客のより密接な相互作用は、流通する製造業のより流通する消費につながり、そうなれば消費者は、自分がいる場所で供給を受けたり、生産の指示を行うことができるようになる
□ デジタル・コミュニケーションは、製造業に地元で生産しながら、個々の顧客のニーズに合わせてカストマイズしつつ、グローバルに販売する力を与える

UNIVERSITY OF BIRMINGHAM

8．産業集積と経済に対する今後のイノベーションの影響

　さて、これは産業地区のような全体的な生産モデルにとってどのような意味があるのでしょうか。私の考えでは、これはとても興味深いことで、

私は今この二つをリンクさせようと試みています。このような技術、特に付加製造技術、デジタル革命といった技術は、より小規模な企業、個人企業をベースにした全体的なモデルが、革新的になるだけでなく、生産者にもなれるツールを提供してくれます。このことは、アントレプレナーシップの観点から新しい血を送り込み、このシステムの中にダイナミズムを作り出していきます。生産することとイノベーションすることの一致が見られるようになってきています。

　しかし、先ほど申し上げたように、私たちは技術の変化の観点からすると分岐点に立たされているので、全ての産業集積、全ての場所が本当に大学と密接につながる必要があります。大学は今、技術の変化の重要な触媒になっていますが、ビジネス環境とつながりを持つ必要があります。そうでなければ、こういうイノベーションがあっても、イノベーションと生産の間の時差がますます大きくなってしまいます。ワールドワイドウェブが発明されてから世の中の人全員が使うようになるまで25年かかったことを考えると、発明と市場の間には大きな隔たりがあることが分かります。大学と企業の間により優れたつながりがあれば、この遅れは短くすることができます。

　ただ、はっきりしていることは、イノベーターが生産者にもなれるなら、今では誰でもイノベーションできるということです。新しい製造業、この新しい流通する製造業モデルで雇用される人の数が必ず少なくなるのはそのためです。高度なスキルを持つ人——スティーブ・ジョブズのような、非常に高度なスキルを持っていて、非常にイノベーティブな人が必要ですが、その数はとてもとても少ないでしょう（図27）。

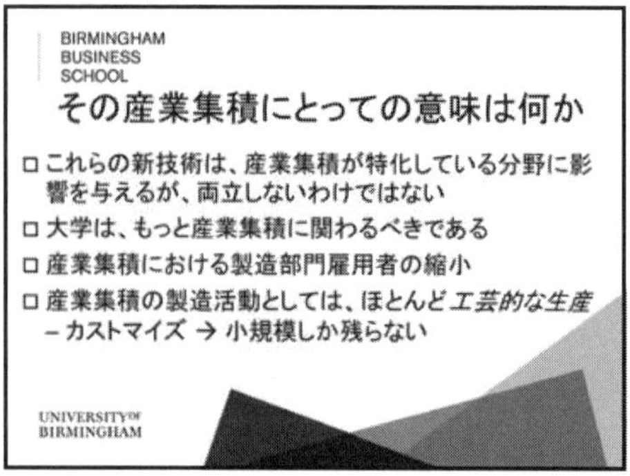

　また、産業集積の新しいモデルがどこに向かえるか考えてみると、私は今その証拠を集めて、たくさんの証拠でテストしているところなのです。グローバル化によってフィールドが膨大に拡大し、グローバルな競争が生まれましたが、それを経て、今

図27

BIRMINGHAM BUSINESS SCHOOL
その産業集積にとっての意味は何か
- これらの新技術は、産業集積が特化している分野に影響を与えるが、両立しないわけではない
- 大学は、もっと産業集積に関わるべきである
- 産業集積における製造部門雇用者の縮小
- 産業集積の製造活動としては、ほとんど*工芸的な生産*
  - カスタマイズ → 小規模しか残らない

UNIVERSITY OF BIRMINGHAM

後数年のうちに地域への回帰が見られるだろうと思います。地域が再び重要になります。コロケーション、特に製造業とサービスとイノベーションの配置がもっと根本的に重要になります（図28）。

同時に、デジタル技術によって世界が一層狭くなったということは誰も否定できないでしょう。イノベーションと生産が再び地域に戻り、例えばオープンイノベーションのウェブサイトが出てくるようになりました。ファブラボが要求されるようになって、人々が知識を共有し、イノベーションを共有し、あらゆる種類の新しいイノベーションの方法を共有するバーチャル空間が生み出されるようになってきました。

イノベーションが閉鎖されたドアの内側で起こっていた過去のモデルから、今はますますオープンなイノベーション空間、ネットワークを通じたオープンなイノベーションモデルが見られるようになってきています。グローバルとローカルが、これまでとは違う方法でつながりを持つようになります。企業にとって異なる役割を果たすようになり、経済繁栄のポジティブなスパイラルが生まれることが期待されます。

ただ、非常に懸念されることは（最近読んだものの中にあったのですが）、サービスについて付加価値の生産性を測定することはとても難しいということです。このようなタイプの活動、非常にクリエイティブな産業で生産性を測定するにはどうすればいいのでしょうか。セクターの一部で、不当にネガティブな生産性成長率になっているのはこのためではないかと私は思っています。つまり、私たちは経済学者として、付加価値が無形であるセクターの生産性を正確に把握することができていないというのが私の考えです。

これは経済学者やビジネス学者にとっての課題だと思います。これは本当にとてもとても重要だからです。価値の創造に対する影響を理解するこ

図29

図30

とができなければ、この新しい技術が経済成長に与える影響を理解することはできません。労働生産性の観点から見た現在の生産性基準には意味がありません。こういう生産性は、大規模な経済においては優れた評価基準で、フォードの工場のような大規模な工場の生産性を測定するのには適していました。しかし、こういう新しいタイプの生産においては、このような生産性は優れた測定方法ではないと私は懸念しています。

私たちが目の当たりにしているのは新しいモデルです。私たちは地域やつながりのコミュニティーの重要性、価値創造の重要性、地域の産業文化と新しい技術をつなぎあわせることの重要性に気づくようになるでしょう。これはとてもとても重要なことです。こうして産業集積をアップグレードすることは、新しい技術をどこに根付かせるかという点の理解に大きく左右されます(図29・30)。

最後の二つのスライドで結論にしたいと思います(図31・32)。私にとっての重要な結論(そして皆さんにとってのテイクアウェイ)は、サ

ービスと生産の間に新たな再配置の流れが見られるということです。グローバルなバリューチェーンを通じてさまざまな形態の生産が大規模な製造業企業、大規模な多国籍企業と新しい形で共存し、この新しい生産モデルを通じたローカルな生産が新たな重要性を持つようになるでしょう。ローカルなレベルで生み出すことができる価値の創造に対する新たな関心が生まれ、伝統的な製造業セクターと呼ばれるものと、これらの新しい技術の間のより密接な相乗効果により、私たちの技術・経済パラダイムが確実に変化していきます。

　二つのボトルネックが、政策によって対処されなければならないと思います。一つは、新しい技術に対する大規模な投資の必要性です。これはヨーロッパでは大きな問題になっていると私は考えています。ヨーロッパは現在、どこでも大規模な予算カット、緊縮財政によって、研究開発費がどんどん削られています。私は、今はそうする時ではないと思っています。今は政府がリーダーシップを示し、技術的なリーダーシップを示して、このような技術をまさにつなぎ合わせるヨーロッパのイノベーションシステムの推進を図る時だと思います。なぜなら、こういう技術がよそで開発され、ヨーロッパが今後50年間この技術を輸入しなければならなくなるという大きなリスクがあるからです。ですから、政府がこれはコストではないと考える必要があります。これは投資であり、新しい技術への投資なのです。

　もう一つ重要なことはスキルです。新しいセクターが台頭し、こういう新しい技術が生まれていますが、現在の教育システムは古いスキルのために訓練する場になっています。特にヨーロッパでは、たくさんの仕事があるのに、それに見合ったスキルがないということが理解されていません。つまり、現在ある雇用と、大学を出た人のスキルの間にミスマッチがあるのです。大学はこのことに大いに応えていかなければならないと思います。特にエンジニアリングや、ビジネススクールもそうです。私はビジネススクールにいますが、ビジネススクールが多くの起業家を輩出しているとは思えません。でもそれこそが私たちのすべきことなのです。やらなければならないことはたくさんありますが、ヨーロッパが再び成長できるようにするには、この二つのボトルネックに取り組むことが非常に重要だろうと思います。

イノベーション、持続可能性と地域発展
―新しい形の地域化に向けて

レイラ・カビール
Leïla Kebir

　私の今日のお話は、イノベーション、持続可能性、地域発展をテーマにさせていただきます。狙いは持続可能性という観点からイノベーションの問題を振り返ることです。まず、イノベーションは地域発展に必要不可欠なものです。次に、持続可能性を取り上げるのは、今日では持続可能性に対する非常に強い社会の要求があるからです。また、少なくともヨーロッパでは、イノベーションを起こし利益を上げるための重要な手段でもあります。恐らく日本でも同じではないでしょうか。そしてもちろん、今日ここにいらっしゃる皆さんは地域発展という共通の問題を抱えているので、これを地域発展と結び付けてお話させていただこうと思います。

　これから、岡本先生と今日ここに来ているクレヴォワジェさんと一緒に取り組んだ非常に興味深い共同研究プロジェクトの結果をご紹介したいと思います。これはとてもたくさんの調査が必要な難しいプロジェクトでした。私たちにとっては、イノベーションとは何か、今日の地域発展におけるその手段とは何かということを再考する機会になりました。ご覧のとお

図1

り、ヨーロッパと日本の大規模なチームが参加しました（図1）。ヨーロッパでは、フランス、オランダ、イタリア、スペインから研究者が参加しました。地域発展の問題や、ローカルコミュニティやローカルの主体者にとって何が重要なのか、21世紀においてイノベーティブであるということは何を意味するのかという問題に関心を持っている、非常に幅広い研究者が参加しました。

1．科学的問題

（1）イノベーティブ・ミリュー

　最初に、理論をおさらいしたいと思います。私は研究者なので、いつも理論に立ち戻っています。私たちが問題にしていたのは、80年代と90年代にはたくさんのモデルが生まれたということです。イタリアの産業集積やクラスター・アプローチについてお聞きになったことがあるかと思いますが、ここではイノベーティブ・ミリューのアプローチ、ローカルな生産システム、ローカルなイノベーション・システムを問題にします。たくさんの異なる理論モデルが生まれ、地域発展を予測し、地域を発展させるツールを政策決定者に与えてきました。これらのモデルはすべて80年代に生まれました。私たちの疑問は、そして産業集積研究者も同じ質問をしているので、私たちだけがこの質問を抱えているわけではないのですが、私たちの疑問は、これは今でも真実だろうかということです。20〜30年経た今で

図2

科学的論点

イノベーティブ・ミリュー（innovative milieu）

現在生じている経済の転換を分析・理解するための統合的概念、統合的なツール。地理的、技術-経済的問題や、組織などの論点を取り扱う。
(Crevoisier, 2000)

イノベーティブ・ミリュー――内生的発展、ローカルな能力、競争力、グローバル化の台頭など――に関する研究グループが、1980-1990年代に開発した概念。

イノベーション、持続可能性と地域発展（フランス）

もこれらのモデルに頼っていいのでしょうか。そこで、イノベーティブ・ミリューについてお話ししたいと思います。というのも、これは私たちの使っている基本的コンセプトなので、簡単に説明することで私たちが今ここで何の話をしているのか、きちんと理解できるようになると思うからです。

　イノベーティブ・ミリューは、80〜90年代に国際的な研究グループによって打ち立てられました。その狙いは、経済転換を分析し、理解するためのコンセプトや総合的なツールを生み出すことにありました。イノベーティブ・ミリューというのは、常に三つの側面を考慮に入れています。一つ目はもちろん技術です。ローカルな資源と技術を発展させる技術、言い換えれば具体的な物事です。二つ目は組織です。誰が主体者なのか、ローカルな主体者、地域の主体者、国の主体者は誰か、それぞれがどう協力しているか、ネットワークが築かれているかということです。これは午後また触れる問題ですが、関係者が依存するものに対してどう協力するか、社会的ネットワークや地理的条件はどうなのかということです。私たちは、地理は非常に重要だと考えています。もちろん、現代ではグローバリゼーションの問題もありますが、私たちは地域の特異性が重要だと強く考えています。イノベーティブ・ミリューとは、イノベーションにとって良い特徴があるイノベーティブな状況のことで、そこには資源と主体者があり、イノベーションが起こるのを本当に可能にする具体的な状況があります。

　イノベーティブ・ミリューとは何でしょうか。私が示した定義はやや曖

図3

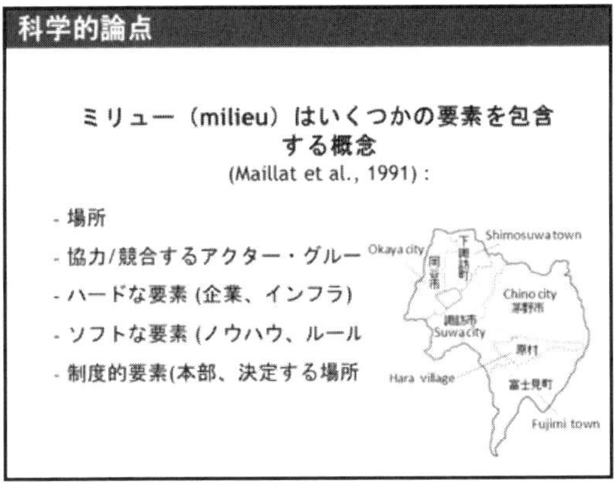

科学的論点

ミリュー（milieu）はいくつかの要素を包含する概念
(Maillat et al., 1991):

- 場所
- 協力/競合するアクター・グループ
- ハードな要素（企業、インフラ）
- ソフトな要素（ノウハウ、ルール）
- 制度的要素（本部、決定する場所）

昧なので、ここに諏訪地域の地図をお見せします（図3）。この地図は岡本先生と佐藤充氏が作ったもので、イノベーティブ・ミリューとは何か理解するのにいい例だと思います。ここには地理的な境界線があります。ミリューとは場所のことです。時計産業のあるスイスの「ジュラの三ヶ月」（Arc Jurassien）もそうです。北イタリアの幾つかの産業集積もそうです。ミリューは常に場所に結び付いていて、そこには物語があり、過去があり、現在があって、願わくは未来があることです。それから、そこには主体者のグループもあります。私たちは主体者、主体者のローカルな動きのある力学に関心を持っています。それは企業、さまざまな機関、研究所、そしてコミュニティです。

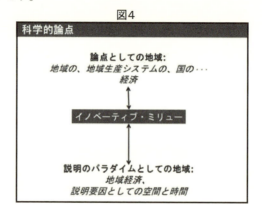

図4

図5

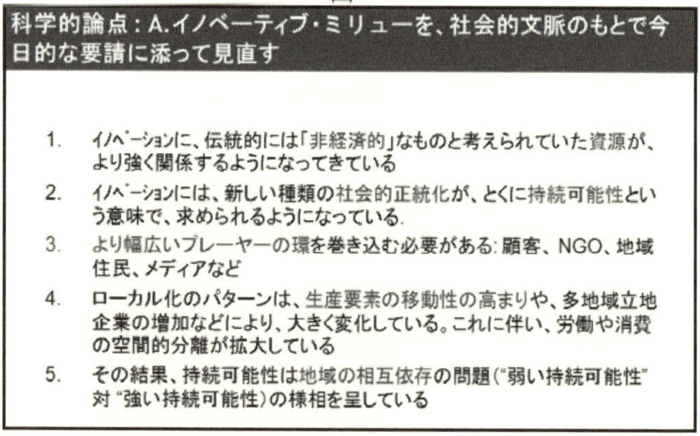

イノベーション、持続可能性と地域発展(フランス)

　三つ目の側面は、ハードな要素もあるということ、その場所に具体的な物があるということです。ビル、企業、資源、恐らく道路や空港といった実際の物、インフラがあります。さらに、ソフトな要素としてノウハウがあります。これは非常に重要です。時計産業では、常に伝統的な時計のノウハウが話題になりますが、それが時とともに進化して、競争力のベースになっています。もちろん、諏訪地域でも非常に興味深い具体的なノウハウの蓄積があります。これは極めて重要です。しかし、ソフトな要素には、ルール、人々の行動様式、人々が互いを理解する方法、協力する方法というのも含まれます。どの地域でも、いろいろな方法で主体者が協力しています。産業集積では、家族が非常に重要であることが分かっています。家族をベースにした企業があり、互いをよく知っている家族、一緒に遊んで育った子供が20年後に一緒にビジネスをしています。これは産業集積によく見られる特徴です。しかし、スイスの「ジェラの三ヶ月」にこのような状況は見られません。ここでは、小規模な仕事に慣れた人々がその小規模な仕事に対する文化のようなものを共有しています。これが人々の物事の見方を形作り、知識の発展方法を形作り、そこから経済活動を生み出す方法を形作っているため、これは非常に重要なことです。どの地域、どの場所にも、そこだけの特異性があり、何が他の地域との違いを生み出すのか理解することは興味深いことです。

　さらに、制度的要素があります。地域に意思決定能力がなければ、よそ

図6

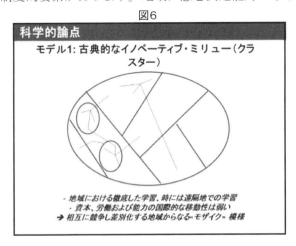

で行われる決定に依存することになり、イノベーティブ・ミリューは生まれません。ここで重要なのは、ローカルな主体者が将来についてすべきことがある、できることがある、その将来を決定することができるということです。もちろん、その場の状況というのは非常に重要ですから、すべてを自分が決定することはできません。しかし、ローカルなレベルで、人々が今後について決定できると理解することは非常に重要です。これは経済のグローバル化、金融化が進む中においては、非常に重要なことです。例えば、現在スイスの時計産業では多数のブランドがフランスの大グループの傘下に入っています。意思決定はどこで下されるのでしょうか。スイスで起こることを決めるのは誰でしょうか。イノベーティブ・ミリューにおいては、自分自身で決定する能力を少しは身につけていなければなりません。

今日私たちが抱える疑問は、地域の経済が今後どうなっていくのかということです。なぜなら、先ほど申し上げたとおり、私たちが現在持っているモデルは80年代に生まれたものだからです。当時と現在とでは状況は大きく異なり、グローバル化も進んでいませんでしたし、今日われわれが直面しているような危機もありませんでした。この点に立ち戻って、地域経済の将来がどうなるのか、考えてみたいと思います。それによって、私たちは政策決定者に答えを示さなければなりません。政策決定者がその問題に対する解決策を見つけられるよう、手段やアイデアを示さなければならないのです。

しかし、私たちは私たちの説明について、地域発展を理解する方法についても再考する必要もあります。クラスター・モデルは今でも有効でしょうか。産業集積は今でも有効でしょうか。イノベーティブ・ミリューのコンセプトは、今でも、何が起こっているのか理解し、答えを出すのに有効でしょうか。この研究プロジェクトでは、まず持続可能な発展という観点からイノベーションを理解し、次に科学者として、自分たちが正しい軌道にいるかどうか見極めるため、基本原理の再考を行いました。

（2）現在の社会的状況に合わせたイノベーティブ・ミリューの見直し

変化は多数あるので、ここではそのうち五つだけ取り上げたいと思います。これが私の選択したものです（図7）。まず、イノベーションにはか

つて「外部経済」であった資源をますます使うようになってきています。例えば、今日ではほとんどの製品、例えば携帯電話でも、単なる技術的な製品以上のものになっています。もちろん、技術は非常に重要ですが、私が好きなのはそこにあるあらゆる文化的な内容、すなわちそこで入手できるあらゆる情報、さらにはゲームなどです。素晴らしくて、見た目もかっこいいわけです。この物体が、私の消費する文化のコミュニケーション・フィールド全体を切り開いてくれます。そこには象徴的なものがたくさんあります。ムーディソン教授が象徴的な知識の重要性について話してくれましたが、これは単なる技術ではないのです。私が興味を持っているのは単なる技術的パフォーマンスだけではありません。技術的パフォーマンスだけの問題ならば、私はアップル製品を買いません。技術的にはアップルは最高ではないと分かっているからです。でもアプリケーションやその他のあらゆるもののおかげで、私はこの携帯電話を買ったわけです。

図7

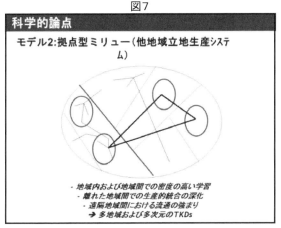

私たちが今日買う製品を見てみると、そのほとんどは文化的な内容、文化的資源に基づいた象徴的な価値を持っていて、単なる技術にとどまりません。その行動様式は異なるのです。文化的資源は技術とは異なる方法で生まれます。これらのモデルが生まれた80年代と90年代は、主に技術をベースにしていました。私たちは、文化資源の象徴的な価値の問題を含めて私たちのモデルを考え直す必要があります。今日では観光、場所の消費、どこで生活するかということも重要なので、自然資源も考慮する必要があ

ります。こういった問題すべてが経済行動のベースになっています。その都市が好きか、景色が素晴らしいか、渋滞がひどすぎないか、こういった問題すべてが経済にはとても重要です。私たちは、どんどん使われるようになってきているこのような新しい資源を考慮に入れて開発モデルを考え直す必要があります。

　二つ目のポイントは、現代では持続可能性が重要だということです。持続可能性には非常に強い社会からの要求があります。例えば、フランスではどんな研究プロジェクトも持続可能な開発と関連がなければなりません。社会的要求というのは、イノベーションの社会的正当性が変化したことを意味します。私たちは技術的パフォーマンスだけを求めているのではありません。経済的、社会的、環境的パフォーマンスを求めているのです。このことは製品が認識される方法、製品が受け入れられる方法を変えました。例えば、今とても速く走れるスーパーカーを開発して、素晴らしいモーターやエンジン、音が備わっていても、恐らく売れないでしょう。人々は快適で安全な車、そして何より燃費のいい車を求めているからです。人々の要求は常に変化するもので、このことは経済の発展方法と密接に関係を持っていると私は考えています。この点については後ほど触れます。

　三つ目のポイントは、より多くの関係者を関与させる必要があるということです。顧客がますます重要になってきています。例えば、私の携帯電話は、私がこの製品の最終生産者です。なぜなら、私がこの製品をカスタマイズし、コンテンツを選択したからです。幾つかのアプリケーションをインストールしましたが、その中には皆さんの携帯電話にはないアプリケーションもあるでしょう。現在では、多くの点において、製品は従来のメーカーによって作られ、消費者が完成させると言えます。私たち一人一人が、それぞれ異なる携帯電話を持っているわけです。これは非常に重要です。これまでの研究では、これが多数の産業に当てはまることが明らかになっています。例えば、あらゆるユーザー・コミュニティがソフトウエアの進化に関与するコンピュータ産業などがそうです。非常にさまざまな活動で見られます。

　80年代と90年代には、誰が生産者だったでしょうか。研究所があり、開発機関がありました。現在ではNGOが非常に重要で、スイスの場合、オリビエ・クレヴォワジェのチームがグリーン・ファンドについて研究をし

イノベーション、持続可能性と地域発展（フランス）

ています。今私たちがやっているようなシンポジウムが毎年、NGO、消費者、大企業、銀行が参加して開催されます。銀行が参加しているのは、善意で資金を投資するグリーン・ファンドに出資しているのは銀行だからです。このシンポジウムでは、市民社会のあらゆる関係者が、消費者から生産者までが一堂に会して、何がグリーンなのか、グリーン・ファンドとは何か、企業をこのグリーン・ファンドに入れる基準はどうすべきかを話し合います。さて、そうするとここには新しいプレーヤーがいるわけですが、彼らはどう行動しているのでしょうか。何をもたらしているのでしょうか。私はこれは非常に重要なことだと考えています。

最初のプレゼンでは、コミュニティ・ビジネスについて詳しく取り上げられました。今日のイノベーション・イニシアチブの多くが新しい形の経済モデルを発展させようと目指すコミュニティから生まれているという点で、これも典型的なコミュニティ・ビジネスだと言えると思います。これは、大部分がローカルなものであるため、地域発展の点からも非常に興味深いことです。

結果として、持続可能性は今日では、生産した財を国外に輸出するという点で、新たな相互依存の要素ももたらしています。国外の市場を相手にするか、しないかという問題になりますから、国外は非常に重要です。要求に耳を傾けなければなりません。しかし今日では、持続可能性が問題になるので、自分のしていることを国外の人々にも評価されることになり、あなたのしていることは良くないと言われてしまうこともあります。子供を働かせて服を作ったら、それは良くない、そんな製品は欲しくないと言われるわけです。

このことは、相互依存が市場における供給と需要だけの問題ではないことを意味しています。これは価値の問題であり、何が欲しいのか、社会的に何を求めているのかという問題でもあります。このため、事態はさらに複雑になります。今日の企業、特に大企業は、企業の監視のみを目的としているNGOにまさに細かく観察されています。大企業が何か間違ったことをすると、ただちにメディアに訴えられて、非常に深刻な結果がもたらされることがあります。

五つ目のポイントは、今日、モビリティがますます高まっているということです。過去20年間で、私たちはかつてない距離を移動するようになっ

たと思います。特に重要なのは知識がますます可動的になってきていることです。とてもスキルの高い人材は非常に機動性があります。80年代や90年代には、資本と労働力はそれほど可動性がなく、同じ地域にとどまっていたと言えるでしょう。しかし現在ではもうそうではありません。資本は世界中を移動しています。世界中を移動する資本をどうすれば捕まえることができるのでしょうか。スキルの高い人材は地域を離れ、最も面白い仕事のある場所に移ります。どうすればその知識を地域内に維持できるでしょうか。

　これは新しい脅威だと言えます。80年代には、少なくとも地域内には優秀な人材を留めることができ、具体的なノウハウがそこにあったので、問題なかったのです。その上に競争力を築くことができました。しかし現在では、人々はますます移動するようになり、非常に専門化された工業労働者が、あるプロジェクトのためにライバル企業に行ってしまい、元の企業の成功につながった具体的なノウハウをライバルに取られてしまうことがあります。資本と労働力という生産要素の可動性がますます高まると、資本と労働力が地域を簡単に去ってしまうので、脅威になります。しかし、地域がうまく組織され、構造化されていれば、世界中から資本をつかむことができるという点で、これは大いなるチャンスも秘めています。世界中から興味深い知識を集めることもできるわけです。これはかなり新しい現象です。

図8

科学的論点：A.イノベーティブなミリューを、社会的文脈についての今日的な要請に添って見直す

拠点型ミリュー（anchoring milieu）仮説

*拠点型ミリュー*とは、さらに高度な(効率的、あるいはより意味深い)知識や(真正性や持続可能性等に関する)慣習を発展させるため、地域内においても、また遠隔地あるいは移動するプレーヤーとも、競争/協力原則に基づき相互に作用を及ぼし合う、地域のプレーヤーの集合(企業、個人、公的当局、研究機関、訓練組織など)を指す

(3) イノベーティブかアンカリングか

　今日のメインの問題に話を戻しますと、私たちの抱えている問題は、80年代、90年代に生まれたイノベーティブ・ミリューというコンセプトは恐らく今でも有効であるけれども、新しい事柄を考慮に入れなければならないのではないかということです。私たちは、「アンカリング」と呼ばれるミリューの仮説を立てています。アンカリングというのは、フランス語、英語、恐らく日本語でも非常に変わった言葉です。アンカリングとは、可動性の高いものを地域で起こっていることと結び付けて、地域にとどめておくということです。例えば、アメリカからやってきた科学者があなたの大学で、あるいは自分のオフィスで一人で働いてもいいですが、そこで研究を行い、3年や5年後にアメリカに帰るか、どこかに行ってしまうとします。そうするとアンカリングはなく、日本にとって利益はありません。

　しかし、この科学者が Ph.D.の学生としてやってきて、知識を共有し、ベンチャーを起業したら、この科学者の知識の一部が日本の知識ベースに組み込まれることになります。これがアンカリングです。アンカリングとは、可動性の高い資源をすべてつかみ、加工し、自分たちの知識ベースや資源ベースと組み合わせることができる、非常に重要なものだと言えます。私たちは、これが現在では不可欠なことではないかと考えています。イノベーティブであるというのは、もちろん常に重要です。クリエイティブに新しい製品を開発することができるというのも重要なことです。しかし、このような移動する資源をつかみ、地域に囲い込む方法を理解することは、恐らくさらに重要なことなのです。

　80年代には、今とは異なるタイプの地域がありました。地域の中には二つのセクター、二つの産業がありました。主に知識ベースは内部で作られており、具体的な知識を蓄積するのも地域内部でのことでした。サプライチェーンの戦略的な部分は地域内にありました。他の地域との知識の交換も多少はありましたが、ベースは地域内に作られていました。現在は、それとは異なる状況にあると考えています。私たちは、地域が依然として互いに競争しているという見方で、物事を考えたり見たりしています。しかし、地域は今、互いに非常に深い交流をしています。戦略的な知識に関して言えば、はるかに統合されるようになってきました。

　例えば、スイスの太陽光産業を例に取ると、かつてはかなり独立した産

業でしたが、今では違います。スイスでは、バッテリーなどの具体的な製品の構想が行われています。製品の構想、イノベーションは依然としてスイスにあり、生産も一部はスイスで行われており、特に市場との関係は地域内で発展させています。しかし、生産の大部分はドイツやアメリカで行われており、知識の強い相互作用があるという点で、ドイツやアメリカでの生産システムも重要です。

現在の生産システムは、拡散しながらも統合されています。これは単なる市場の関係という問題ではありません。これは知識の関係です。もちろん、中国には生産の問題もありますが、中国は伝統的な下請けの関係なのでここでは取り上げません。下請けの問題ではなく、生産システムを一緒に築き上げるということなのです。現在では、経済はもっと統合されていて、「これはスイス製です」と言うのはますます難しくなっています。スイス製といっても、一体何がスイスなのか、なぜこれがスイス製だと言えるのか、構想が行われるのは依然としてスイスです。それはスイス製かもしれませんが、残りはドイツやアメリカのパートナーと一緒に作られています。それぞれ特徴は違います。地域の開発者として、この問題をどうすればいいでしょうか。この産業をサポートするために何ができるでしょうか。現在では、問題はやや変わってきています。

この考えの狙いは、ミリューは依然としてローカルなプレーヤーだということです。私たちはそう信じているからです。従来の企業やあらゆる関係者はもちろん、新しい関係者も含まれます。現代では非常に幅広くクリエイティビティについて考えなければならないので、メディアは非常に重要です。しかし、重要なのは遠くのプレーヤーや移動するプレーヤーとローカルで交流し、さらに高度な知識を開発し、一緒に作業し、この知識を使う方法、協定を結ぶことです。問題は、イノベーションをすること、しかし何よりもまず、自分たちにはない必要な知識を持っている関係者との距離のある関係を管理できるようになることです。

地域にはどんな役割があるのでしょうか。ローカルな関係者にはどんな役割があるのでしょうか。これが私たちの疑問です。今日のイノベーションとは何なのか。特に持続可能性が問題になるとき、イノベーションはどのように組織されるのか。何がここで生れるのか、何があそこで作られるのか、場所がどう相互作用しているのか。これが私の学問的疑問です。私

イノベーション、持続可能性と地域発展（フランス）

図9

- 地域の果たす役割は?
- 経済活動に関する空間的組織の特徴は何か、とくに持続可能性の論点に関して?
- イノベーションの空間的組織は何か?
- ミリューはまだ説明要因として有効か?

図10

第一の問い: 持続可能なイノベーションは、具体的には、どのような空間的（地域的）様式を示すのか?

ローカル/グローバルなパターンではなく:
- 他地域および多次元のプロセス
- 資源の移動性/定着

に焦点を絞る

«持続可能なイノベーション»は、一相互に依存する様々な一地域に、新しい、特別な、多次元の形で関わるのか?

それらは、過密化やガバナンスといった地域の論点に、新しい課題や解決策を提示するのか?

図11

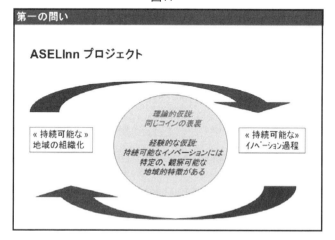

のイノベーティブ・ミリューというコンセプトは今でも有効か、恐らく再び検討する必要があるでしょう。

2．持続可能なイノベーションのケーススタディ

私たちはこれまで、持続可能なイノベーションに取り組んできました。持続可能なイノベーションとは何でしょうか。実際に私たちが研究対象としたのは、関係者が持続可能な開発に役立つと宣言したイノベーションです。例えばグリーン技術です。グリーン技術のケース、グリーン・サービスのケースを取り上げ、関係者が持続可能な開発に貢献することをしていると宣言しているイノベーションを研究することにしました。その内容の評価はしていません。経済的関係者が持続可能性をどのように理解し、それに対してどんなことをしているのかということだけを見ました。

図12

方法

1. 試験的プロジェクト："持続可能な"イノベーションを自称するものを見つけて分析する
2. ヨーロッパと日本にまたがる10件のケーススタディ
3. 持続可能なイノベーションに関する地域組織の分析
4. 既存モデル（ここでは、イノベーティブ・ミリューとの対決

私たちはこの調査プロジェクトを未知の領域に踏み込んで行いました。もちろんこれは調査の第一段階であり、さらなる作業が必要となると考えていましたが、まずはこうした持続可能なイノベーションに取り組むことからスタートしたわけです。

私たちは、ヨーロッパと日本で10のケーススタディを行いました。非常に多様な事例があり、多数のケーススタディが行われました。これが私たちのすべてのパートナーです（図13）。すべてを詳しく説明はしませんが、非常に重要なことは、サービス産業も製造業もあり、企業によるイノベー

イノベーション、持続可能性と地域発展（フランス）

図13

ケーススタディのリスト

1. 都市における持続的なイノベーション：バイロアルト文化地区　COSTA, P., ポルトガル
2. ローマの都市的ネットワーク (ローカル/有機学校給食プログラム
   DE ROSA M. and TRABALZI F.
3. 太陽光の推進力：先進的優位性を持ったグリーン技術イノベーション
   CREVOISIER, O. and LIVI, C.
4. 諏訪の機械産業におけるイノベーション
   岡本義行・佐藤充
5. 大西洋地域の海洋産業における持続可能性
   GUESNIER, B.
6. イル・ド・フランスにおける持続的修復セクター構築
   KEBIR L.
7. バスク地方の金属産業におけるイノベーション
   DEL CASTILLO J., PATON J. and BARROETA B.
8. 金融セクターにおけるイノベーション：ジュネーブにおけるグリーン・ファンド
   CREVOISIER, O. and ARAUJO P.
9. 持続可能な観光リゾート：気候変化に適応するためのイノベーションは何か？
   PEYRACHE-GADEAU V. and RUTTER S.
10. ドイツ・グリーン・インダストリーのKIBsにおける持続可能な観光
    STRAMBACH, S. and LINDER, F.
11. 北部ポルトガルにおける PlanIT Valley の展開
    CARVALHO L., PLACIDO SANTOS I. and VALE M.
12. オランダLeeuwarden の « ウォーター・キャンパス » LAGENDIJK, A. and EBBEKINK, M.

図14

持続可能なイノベーション のビジネスモデル

- 伝統的イノベーション：
  市場で販売 => 所得を生み出す(KIBs のグリーンインダストリーは中国に売られている)

- 持続可能なイノベーション：
  直接的なカウンターパートのない(貨幣的ないしは物的な)流通
  ⇒ 模範的な価値を伴うイノベーション
  (ITバレー、太陽光の推進力、ウォーター・キャンパス)

  ⇒ 生活/地域の質に関わるイノベーション：税金により賄われる/ 外部性の恩恵を受けるのは不動産関係者、観光業アクターなど（観光地の水質、バイロアルト地区、ローマの都市的ネットワーク）

ションも公共機関によるイノベーションもあり、都市や都市周辺地域などさまざまなタイプの地域におけるイノベーションもあり、多彩な内容になっていることです。後ほど幾つかの例についてご紹介いたしますが、本当にさまざまなプロジェクトが対象になっています。
　私たちがしたことは、それぞれのイノベーションの技術的側面について

調査するということです。このイノベーションは何なのか、このイノベーションを行っているのは誰で、どこで行っているのか、また、可動性の高い要素、可動性のない要素についても調査し、イノベーションが地域内でどう展開するのか理解することを目指しました。これは、持続可能な開発がどうすれば地域にとって経済的な可能性になるのか理解するためであり、私たちのモデルについて疑問を投げかけるためです。私たちはこの三つの側面を見ました。

3．持続可能なイノベーションの内容についての調査結果

幾つかの結果が得られました。まず、持続可能なイノベーションの内容です。皆さんもご存じのとおり、持続可能な開発というのは非常に曖昧なコンセプトです。とても幅が広く、そのイメージは極めて曖昧です。持続可能なイノベーションを行うというのは、社会的ニーズに応えようとするということです。人々は持続可能な開発を望んでいます。より良い地球を求めています。子供たちにとってより素晴らしい未来を求めています。しかし、それは具体的にはどういうことでしょうか。

図15

持続可能なイノベーションの特徴
• 簡単ではない
• パフォーマンスの評価は困難
• 狙い：
=> こうした要求に応える
=> 技術的な内容よりもさらに重要なのが、論述/根拠付けを発展させること
=> アクターの習慣、実践および行動の問題

まず大事なのは、企業は社会的ニーズに応えなければならないことです。しかし既に指摘したように、これはとても抽象的です。問題は、どの道を行くかということです。例えば、今日では気候変動が一つの道を示しています。みんなが持続可能性を主に気候変動の点から考えています。しかし、貧困を忘れてはいけない、汚染の問題を忘れてはいけないという人もいま

す。社会的ニーズと社会的主張においては、気候変動や環境問題が非常に多く語られています。ここで肝心なのは、人々をプロジェクトに参加させるために、持続可能な開発とされるものの範囲を絞ることです。私たちがイノベーションにおいて見てきたものは、プロジェクトが生まれると、まず主張して、人々を参加させ、協力させなければならないということでした。

図16

持続可能なイノベーションの4つの側面

- 製品のイノベーション
- 組織のイノベーション
- 地域のイノベーション
- 旗艦的なイノベーション

　もう一つの非常に興味深い側面は、伝統的なイノベーションです。例えば、ドイツの知識集中型ビジネスサービスなどに、この種のイノベーションが見られます。このケースでは、グリーン建築を専門とするドイツの建築家がそのサービスを中国で販売しています。大規模な植物園の整備を担当しているのです。私たちは、これもグリーン技術だと見ています。これは簡単です。製品またはサービスを作り、市場で販売し、収入・利益を得る。これは、経済の伝統的なビジネスモデルと言えるでしょう。

　しかし、もっと興味深いものもありました。持続可能なイノベーションの例で、プロジェクトはあるが、その見返りがはっきりしないという興味深いケースです。必ずしも投資した人に対する見返りがないのです。例えば、ソーラー・インパルスのケースがありますが、プラネット・ソーラーという太陽光パネルだけで動くボートもあります。このボートは太陽エネルギーがいかに優れていて高性能か示すためのモデルです。このボートはスイスで作られ、スイスだけで作られたわけではないのですが、スイスの人材の手を借りて作られ、人々に太陽エネルギーが高性能であることを示すために、世界一周の旅をしました。

　誰がこのプロジェクトにお金を出したのでしょうか。多額のお金がかかっています。スポンサーがいました。ドイツ銀行がスポンサーになりました。もちろん補助金も出ています。このプロジェクトへの民間からの投資

もありました。どんな見返りがあったのでしょうか。どんな投資益を得たのでしょうか。それははっきりしません。もちろん、イメージの問題です。太陽エネルギー業界は、この業界がいかに優れていて、高性能で石油に代わることができる太陽エネルギーをいかにサポートすべきかということを世界中に示してくれたといって、このプロジェクトを非常に歓迎しています。投資益は間接的なのです。ドイツ銀行がこのプロジェクトにお金を出したのはイメージとして良いからです。単に「ああ、素晴らしい」というだけのイメージではなくて、ドイツ銀行が持続可能な開発を支持していると示すのに有効だったわけです。

このような新しい形のビジネスモデルが生まれるのを見るのは非常に興味深いことです。これはお金を生み出し、雇用を生み出します。経済活動の問題ですが、人々がこの巨大で素晴らしい旗艦プロジェクトにお金を出し、間接的な見返りを期待しているという点で、これまでの経済活動とはかなり異なっています。これはとても重要なことです。なぜなら、後ほどお話ししようと思いますが、ローカライズされたプロジェクトがあり、このようなプロジェクトを実施する場所にとってとても興味深いことだからです。どうすればこのようなプロジェクトをサポートできるでしょうか。お金を投入する必要がありますが、恐らくそれだけではないでしょう。

二つ目の興味深いことは、ある領域における生活の質を改善することを目的にしたイノベーションの例が幾つかあるということです。例えば、フランスのアルプスでは、水質を改善し、代替エネルギーを使う政策を取っているリゾート地があります。リゾート地全体をよりグリーンにし、そこに住む人々にとってより素晴らしくなるようにしています。そうすることで、人々がその地にとどまり、観光客も呼び込めるようにしたいからです。これはそのリゾート地の全体的な質を改善させる政策で、例えば不動産会社や観光業者などのビジネスにポジティブな外部性をもたらします。これは、雪が降らなくなって非常に厳しい状況に置かれているリゾート地を、ある程度魅力的なものに保つ一つの方策です。以前はスキーができたけれど、気候変動の影響で雪がなくなってしまった地域で、ビジネスを維持するために何かしなければならないわけです。

こうした事例は非常に興味深いことです。なぜなら、水質を改善したり、新しいエネルギー源を使ったり、よりグリーンなリゾートにするというこ

とは、主に税金、補助金、中央政府の交付金によって財源が賄われていますが、その利益は外部からもたらされる、本物の利益だからです。単にある日に利益がもたらされるというのではなく、競争力を維持する方策なのです。ベンチャー投資家が支援し、技術的イノベーション・プロジェクトにお金を出す必要があるモデルが見られますが、これだけでは十分ではなく、現在ではもっと違う形のビジネスモデル、違う形の融資、違う形のプロジェクト構築を考える必要があるのです。

　持続可能な開発をするのは簡単なことではなく、その性能の評価は非常に難しいものです。主張をくり返すことは非常に重要です。私たちが見てきたものでは、メディアが幅広く使われていました。メディアは今日では非常に重要な主体者になっており、これは少なくとも私たちにとってはかなり新しいことです。また、メディアとの対応の仕方、議論への対応の仕方も非常に重要です。このようなプロジェクトの大半は、習慣を変えること、消費者の行動を変えることを目的にしています。電気自動車を売りたかったら、人々がそれに馴染まなければなりません。消費者を相手にした大きな仕事があり、それはとても重要なことなのです。

４．持続可能なイノベーションの四つのプロフィールを特定する

　私たちのケースでは、持続可能なイノベーションを四つの類型に分類しました。まず、伝統的な「製品イノベーション」があります。次に「制度的イノベーション」があり、これは地域に新しい機関、新しい組織が作られることをいいます。さらに、「領域的イノベーション」と呼ばれるものは、その領域内に所在する人々や企業のためのイノベーションです。そして先ほどお話したようなソーラーボートの旗艦プロジェクトのようなタイプのイノベーションがあります。ある地域で、これら４種類のイノベーションが同時に進行することもあります。四つのイノベーションは互いに関連していることが多いですが、全体として四つのタイプにイノベーションを分けています。

　最初の「製品イノベーション」は、既に存在する産業が、グリーン産業、持続可能な開発の分野で、競争力を維持するために新しい機会を切り開くという点で、伝統的な製品イノベーションと言えます。ここでは、ジュネ

図17

```
┌─────────────────────────────────────────────┐
│  持続可能なイノベーションの特徴1              │
├─────────────────────────────────────────────┤
│                                             │
│  製品イノベーション                          │
│                                             │
│ ・環境性能に関する新しい製品/サービス         │
│ ・環境性が支配的                             │
│ ・地球的規模での持続可能な発展に寄与         │
│ ・経済的(競争力)、競争的革新                 │
│ ・民間アクター、企業、研究センター、参加的消費者、など │
│ ・支配的な組織:市場                          │
│ ・拠点型ミリュー                             │
│ ・多地域にまたがるコンピータンス・ネットワーク │
│ ・ネットワークの結節点戦略                   │
│ ・生産および研究に近接した地域定着           │
│                                             │
└─────────────────────────────────────────────┘
```

ーブ銀行のグリーン・ファンドの例を見てみましょう。ジュネーブ銀行はグリーン・ファンドの供給を得意としています。ドイツだけでなくフランスの建築業界でサービスを行っています。また、例えばバスク地方の電気自動車の開発や諏訪地方の健康商品の開発も生活の質と関連しています。これは、グリーンなもの、持続可能な開発のものに対する新しい需要に沿って新しい製品を開発するということです。こうした関係者は持続可能性の環境的側面を問題にすることが多いのですが、先ほど申し上げたとおり、気候変動が現在では基本になっているので、驚くことではありません。人々は経済的機会を問題にするとき、何よりも環境について考えるわけです。

　その目的は、地球のグローバルな持続可能な開発に本当に貢献することです。ここで求められるのは主に経済的な競争力です。民間の関係者、企業、研究所、消費者がますます関与するようになってきており、メディアもどんどん関与するようになってきています。ここでは、従来の形の生産が問題になります。何が違うのかというと、ここでの生産システムはマルチローカルなので、「アンカリング・ミリュー」が非常に重要だということです。この種の生産は他の地域と非常に統合された形を持っていることは先ほど既に見たとおりです。新しくここで問題になっているのは、資本と知識を実際に獲得し、地域に維持できるようにすることです。

　「制度的イノベーション」は非常に興味深いものです。例えばバスク地方で見られるのは、地方政府が持続可能な開発に基づいた全体的な戦略を

イノベーション、持続可能性と地域発展（フランス）

図18

持続可能なイノベーションの特徴2

制度的なイノベーション

- 持続可能な発展に資する組織構築
- 社会経済的支配
- 地域の持続可能な発展に対する寄与
- 地域活動の発展・維持のための戦略転換
- 公的および民間の主体をつなぐ協力的なアクター
- 法人主義と連帯性
- 活動に関わる"古典的"ミリュー
- 全国規模との関連での、中央化と地域への埋め込み
- 生産的地域の中核としての地域化

立て、生産システムを刷新し、新しい競争力を与えようとしています。これは Suwamo を導入した諏訪地域でも見られます。また、フランスの大西洋地域でも海洋産業が持続可能な開発を目指すよう支援する非常に広範な戦略が取られています。この産業は特にアジアからの非常に厳しい競争にさらされているため、前進して何か新しいものを提供することが必要とされていました。

　ここでは、ローカルな主体者、ローカルな機関が、競争力の強化に向けて地域の生産システムを刷新し、改新し、後押しすることを目指しています。その目標は、単に経済的なものだけではありません。競争力ある活動を地域内に維持し、雇用を維持し、経済危機を防ぐことも目的であるため、社会的な目標でもあります。ここでの関係者は、企業、研究所、開発機関、地方政府などの地域の関係者で、共同で地域経済を機能させ、成果を出せるよう戦略を策定し、実行し続けようとしています。ここでは、従来のミリューの形の活動があります。つまり、人々が問題に向き合い、一緒に問題を解決する能力にとても依存しているということです。これは、みんながお互いを大事にしているという意味ではありませんが、少なくともその地域の問題をみんなで解決することができるということです。

　三つ目のケースは、「領域的イノベーション」と呼ばれるもので、テリトリーというのも非常に翻訳が難しい言葉ですが、その領域、そこの人々、

図19

```
持続可能なイノベーションの特徴3

  地域的イノベーション

  ・地域のため、生活の質、ないしは問題解決のためイノベーション
  ・社会的・経済的環境
  ・地域の一体性の強化
  ・公的アクター、市民社会、地域住民、市民、ユーザーなど
  ・活動の移転に対する抵抗
  ・古典的なイノベーティブ・ミリューの拡大
  ・ローカル（地域）かリージョン（地方）か
  ・多機能性の高度化、関係の複雑化
  ・利用、居住、消費する場所への地域化
```

そこのローカルな場所、そこにおける地域のイノベーションという意味です。ここでは、リスボンのバイロアルト地区の再生の例があります。ここはリスボン市の非常に有名な地区で、いろいろなアーティストやアンダーグラウンドのオルタナティブ・カルチャーが根付いていた場所です。このバイロアルト地区にはいろいろな問題がありました。人々はトレンディな場所にやってきて、そこに住みたがるのですが、一度住み着くと、騒音を嫌うようになり、いろいろなイベントを嫌がるようになるのです。文化的な活動やナイトライフと住民との間に大きな対立が生まれました。非常に興味深いことに、この場所をとてもよく知っている私たちの同僚ペドロ・コスタが、大きな対立の原因となっていた、ごみ管理、騒音管理、交通管理に対する地方政府のイノベーションを研究してみると、持続可能性に関する議論により、人々が一緒になって解決策を見出せるようになったのです。これは興味深いことでした。

　また、フランスの観光リゾート地の例もあります。ここではコミュニティが非常に重要です。先ほど日本の方からコミュニティ・ビジネスについてのお話がありましたが、ここでもコミュニティ・ビジネスが問題になっていて、先ほどのお話とかなり似ているかと思います。地元の人たちが自分たちのために、しかし市場に適応した、市場を見出せる経済活動を発展させることのできるプロジェクトを立ち上げています。コミュニティが非常に重要で、公共部門の関係者が非常に重要です。目的は生活の質を改善

イノベーション、持続可能性と地域発展（フランス）

させることです。今日では、生活の質は地域、都市、地区にとって、可動性の高い労働力と資本の関心を集める上で、非常に重要な要素です。

　それから、「旗艦イノベーション」というものがあります。これはまさに、このプロジェクトにおける驚くべき発見でした。このようなタイプのプロジェクトが見つかるとは思っていなかったのです。旗艦イノベーションについては、プラネット・ソーラーというボートの例を先ほど挙げました。この巨大なボートはソーラーパネルだけで動きます。誰もこんなプロジェクトを予想していなかった、非常に遠隔の地で製作されました。ポルトガル北部のパレデス市で製作されたのですが、ここには新しくスマートシティを作るプロジェクトです。これは、何もないところから新しい都市を作るというものです。この都市の目標は、スマートシティを管理するために国際的なコンソーシアムが開発したソフトウエアをテストすることにあります。つまり、ごみ、電気、水道といったあらゆる都市機能を「スマート」な方法で管理するというものです。

　このコンソーシアムはデトロイトとロンドンでソフトウエアを開発し、ソフトウエアが問題ないことをテストするために、デモする場所が必要でした。このプロジェクトは、この街の市長が非常に賢く先見性に秀でており、国際的な資金と人のネットワークにつながりを持っており、非常に積極的に動いたおかげで、この地域にプロジェクトを持ってくることができました。彼にはモチベーションの高いパートナーがいて、この巨大プロジェクトをこの街にもたらす支援をしてくれました。これはとても興味深いプロジェクトです。

　また、オランダ北部にはウォーター・キャンパスというプロジェクトがあります。ルーワルデンという場所で、誰も知らないようなところです。どなたか聞いたことのある人はいらっしゃるでしょうか。この完全に田舎の街に、突然、国際的な規模の水に関する公園を築くというプロジェクトがもたらされました。水をいかに優れた方法で管理できるか示し、研究を行い、企業を誘致するというものです。経済活動の主力になっていて、とても興味深いプロジェクトです。

　私たちが最初に驚いたことは、そのビジネスモデルでした。これらのプロジェクトは、必ずしも正確なところは分かりませんが、どこからか出資を受けていて、資金を提供し、雇用を生み、予想外に辺鄙な地域にも活用

できるビジネスチャンスを生み出しています。これはとても興味深いことです。自分の地域を、国際的なネットワークに結び付けることのできる興味深い人々がいれば、このようなプロジェクトを地域に呼び込むことができ、新しい地域発展の起爆剤とすることができるからです。

図20

持続可能なイノベーションの特徴4

旗艦的なイノベーション
- 旗艦的プロジェクト、実験およびデモンストレーションの場所
- 環境およびコミュニケーションの支配
- 模範性、プロセスおよびコンセプトの推進
- 民間および公的なアクター、スポンサー、メディア、幅広い観客
- 拠点型ミリュー/トップ・ダウンの序列
- 地域化されたプロジェクトか、全国(国際的)メディアを狙う移動するプロジェクトか
- 将来主義者
- 象徴的定着、緩やかで幅広い視野
- 地域化する/移動し回ることへのこだわり

　地域発展に資するイノベーションとして、従来の「製品イノベーション」だけでなく、さまざまなタイプのイノベーションがあることをご紹介しました。問題は変化し、地域がこれらのネットワークと本当につながり、チャンスをつかむ能力が非常に重要になっています。今日、物事が非常に多様化しているので、各プロジェクトに必要なすべての知識を一つの地域だけで得ることはできないからです。しかし、全く意外ですが、辺鄙な地であっても、「旗艦プロジェクト」のような大きなチャンスをつかむことがでるのです。

地域政策推進における官民アクターの連携

マッツ・ローゼン
Mats Rosen

1．スコーネ地方の概要

　ヨーロッパの地図です（図1）。こちらがスウェーデンです。こちらがスカンジナビア諸国で、フィンランド、ノルウェー、デンマーク、アイスランドの5カ国によってスカンジナビアが構成されております。地理的には非常に大きいです。人口は、この5カ国合計で2,500万人が住んでいます。東京の大都市圏、つまり通勤エリアの中でそのぐらいの人が住んでおられるのではないかと思います。ところが、東京のサイズはこれぐらいの範囲だと思います。その中に5カ国合計と同じぐらいの人口です。

図1

　私の住んでいる所はスコーネ地方です。東西南北100kmぐらいの広さと幅を持っている場所で、デンマークと国境を接しています。過去は、1657年までデンマークの領土でした。ある非常に厳しい冬のときに、デンマーク王が馬で軍隊を率いてスウェーデンのこの地方を占領したということです。

　ですから、旧デンマーク領ですが、このスコーネ地方は地域の評議会を持っており、一つの自治体になっています。スウェーデンは連邦制度を取っていません。スイスと違いますが、非常に連邦制に近いような制度をスウェーデンでは行っています。それにより、地方政府にある種の権限が移譲されています。また、地方政策を行使する権利が付与されています。

　33の自治体、市町村レベルに分割されています（図2）。市というのは中世からヨーロッパにおいて、非常に特権的な地域でした。自治体（ディストリクト）がありますが、そのような権限は付与されておりません。一

図2 地域および地方発展の経験

スコーネ地方の経済発展
- 33の市および地域協議会
- スコーネ地方協議会

方、共同体の名前としましては、コミューン、ムニシパリティというような言葉も使われています。それぞれ若干の意味合いが違います。コミューンとして33あり、スウェーデン全部で290のコミューンを持っています。そして、そのエリアは、日本のすべての島を含めたものとほぼ同じ大きさになります。

スイスでは1,200の自治体があるということです。そこで地方の政策を担当している。それに対して、スウェーデンは290の自治体であるということを見ると、集約された自治権が行使されていることがお分かりいただけるかと思います。シティ、またはディストリクトカウンシルと言われている協議会で課税を行っています。税金を決定して、その税務を行って地方サービスが賄われています。

そのような地域評議会で、公共交通、その業務、そしてビジネス、病院・サービスなどの公共サービスを行っていきます。ヘルスケアセクター、そして地方の方針、政策、交通機関など、いわゆる地方と地域、小さな自治体の分権は行われています。

その中でそれぞれの地域がどのような形で成長・発展するのか、方針・政策が行われているか、幾つかのものについてお話をさせていただきます。

2．地域の発展と地域政策

（1）ヨーロッパの地域別繁栄度

まず、地域の発展です。大きな意味の地域と、より広い意味での地方の発展があります（図3）。ユーロという通貨単位が成立し、EUが拡大した

ということで、経済的な成長は高まっています。しかし、都市に集約しています。フランスやドイツも同じです。

70年代ぐらいから非常に栄えた地域、また経済的な成長をした地域もあります。しかし、ヨーロッパにおいても南北問題、東西問題を経済の発展の中で見ることができます。

図3 地域発展と地域政策

- **地域の発展とは何か？**
- 地域の発展は地域政策に依存するのか？
- 地域および地方の発展を促進する仕組みは何か？
- あるコミュニティーには存在し、近隣コミュニティーには存在しない「X要素」は何か？

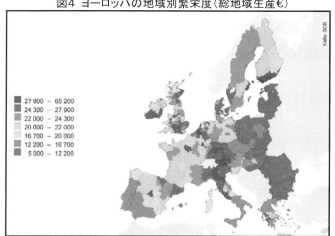

図4 ヨーロッパの地域別繁栄度（総地域生産€）

その中でヨーロッパ共通の地域政策が行われていますが、この濃い部分が新しい EU の加盟国です。新しい国としてブルガリアやルーマニアなどがあり、経済的な発展は少し遅れています。ハンガリーもそうです。スロバキアも同様です。

国家レベルではそうかもしれませんが、大都市圏になると非常に発達しています。ブダペスト、ブラチスラヴァ、そしてプラハなどの都市名を挙げることができます。このような都市との比較を考えると、西ヨーロッパの特に栄えている都市と遜色がありません。ポルトガルなども若干遅れています。スペインも加入してから相当な時間がかかっています。EU も投資していますが、十分な経済発展が達成されているとは言い難いところも

あるでしょう（図4）。

（2）地域発展の要素

地域発展ですが、幾つかの要素に分けて考えることができます。この中でも重要なものを挙げました（図5）。

図5 地域発展
- 企業家精神
- スタート・アップ
- 持続可能な経済成長
- 地域のビジネス環境

『産業とは、「雰囲気（air）」の中に存在する』
—Gunner Thörnqvist教授
- 出会いの場所づくり
  * 朝食会・昼食会、地域企業の日

起業家精神は学校、職業訓練センター、大学などで養成していかなければいけません。それだけではなく、スタートアップ企業、若い企業にサポートメカニズムを提供していかなければいけないでしょう。

また、持続可能な経済成長をしていかなければなりません。持続可能な経済成長をするためには、例えば地方の企業に対して支援体制があるわけです。特に最初の3年間において、新規の企業がうまく成長できるよう、ネットワークに組み込む、または支援するということでのスタートアップ・センターのような機能も求められてくるでしょう。

また、地域にはビジネス環境、またビジネス風土があるわけです。個人の役割は非常に重要です。しかし、それだけではなく、ネットワークも不可欠です。このようなネットワークは、地方、行政、政治的なサポートも不可欠かと思います。ビジネス環境を整えていくためのいろいろな条件を、私たちは見ていかなければいけません。

また、政治家、企業と住民の対話が必要です。いろいろな出会いの場所もつくりましょう。公式の会議もあるでしょう。また、インフォーマルなミーティング、または顔合わせするような機会が必要かと思います。例えば、そのようなことを行う機能として、定期的な朝食会で、外部からスピーカーを呼び、関心のある話題に関して話をしてもらうことも必要です。例えば観光業に関するプレゼンテーションも企画できるでしょう。ローカルネットワークをさらに最大限に駆使して情報収集をすることもできますし、地方の政治家を呼ぶこともできるでしょう。地域のビジネス・デイという形で、とにかく出会いの場所をつくっていくことが非常に重要になり

（3）地域の発展戦略

こちらの絵をご覧ください（図6）。どのような形で公的な資金を使っているのか、どういう分野にどう投入していくのかという枠組みを示しています。当然のことながら、例えば税金を学校、医療関係にも投入するとします。このように税金を使って、どういう分野に金が戻ってくるかということです。このローカルなレベルで見ますと、住宅環境を改善することが重要かと思います。

図6 地域／地方発展の生成戦略

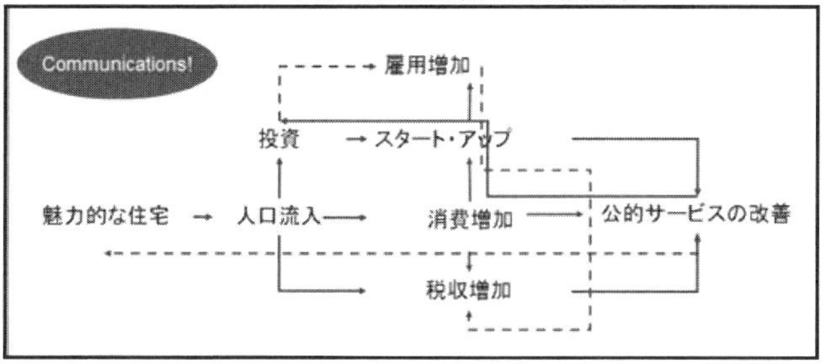

私どもの地域の中で、安定して人口も経済も伸びている地区があります。そしてほかの地区とも競争しています。私どもは大都市ではありません。マルメやコペンハーゲンに比べると劣ります。私どもは郊外ですが、こういった二つの両方にアクセスを持っておりますし、私どもの地域の住民たちが知識を提供します。

われわれは、魅力的な住宅を造っていますので、ここに人が入ってきます。よって、われわれに対して税金が戻ってくる、税収が伸びることになります。そうなると、それを使って、公的サービスとして、病院や学校などを改善することができるわけです。

それ以外に、人口の流入があれば、当然外国からの直接投資なども入ってきます。外国という言葉を使いましたが、この地区以外からという意味です。そうすると、新しい企業ができ、雇用が増加するということで、また税収が増加します。それにより消費水準も上がります。消費水準が上がると、新興企業への需要が高まってきます。そして消費が増えれば税収も増えます。

これが、地元の政治家に対してビジネスライフを再生しなくてはいけないときの論拠になっています。今、公的サービスを提供しなければいけない。そしてそれを提供するのは民間部門になります。

(4) 地域の発展は地域政策に依存するのか

地域政策によって、その地域の成長が決まってくる、確かにそのとおりだと思います。私自身、実際に政策の実施を担ってきて、そして地域政策についての情報を集めてきました。地元レベルで仕事をして、地域レベルの政策がうまくいっていて、地元でうまく機能していないということがないか、見ています（図7）。

図7　地域発展と地域政策
- 地域の発展とは何か？
- 地域の発展は地域政策に依存するのか？
- 地域および地方の発展を促進する仕組みは何か？
- あるコミュニティーには存在し、近隣コミュニティーには存在しない「X要素」は何か？

図8　地域政策
- 垂直的支援システムの枠組み
- 「仕組み」に対する経済的支援 ― 個々の企業にではなくなくても地域は発展するかもしれないが、恩恵は受ける
- 企業間の協力を支援する
- 支援の仕組みが過多となるリスク
- 事実上の労働市場圏の数を減らすことを狙う

この地域政策は枠組みでして、縦型の支援システムがそこに出てくるわけです（図8）。あくまで仕組みをつくっていく。それぞれの企業ではありません。欧州では補助金は出しておりません。景気後退、あるいは金融危機であったとしても、国家の資金を投入することはしません。例えば、ドイツの自動車産業、フランスの自動車産業などがそうです。スウェーデンやスイスでも個々の企業に資金を投入しません。私どもは逆に枠組み、仕組みをつくります。この仕組みの話はまた後で申し上げます。私どもが自発的に参加して、いろいろな施設、仕組み、あるいは金銭的なリソースを使って開発プロジェクトを作っていく。これは地元の企業と一緒になって行います。

それからサポートの仕組みが多すぎてもいけません。それにはリスクがあります。仕組みがあれば、そこから事業部門、企業に対していろいろな信号が出ます。

ということで、環境問題に関心を持っていますが、実際に環境部門で多くの企業が生まれてきました。それには政治家の支援や資源もあるという

ことを企業は知っています。そうすると、企業としても長期的に取り組むことができます。

このサポートシステムにもあまり間違ったシグナルを送ってはいけないと思います。例えば、1～2年しか続かないということになっては、民間部門は投資をためらって、企業は非常に短期的に投資をすることになってしまいます。

きちんとしたしかるべき資金をきちんとしたプロジェクトに投入することが必要です。特にEUのメンバーですから、非常に官僚的な狭い視野での政策もあります。例えば、ブリュッセルのEU本部で現実を知らないような官僚が作った非常に近視眼的な政策の危険性もあります。

それから、事実上の労働市場圏の数を減らすことも狙っています。これは1970年代からのものですが、スコーネ地方を見てみましょう（図9）。こちらは大学が大きな雇用主になっております。それからマルメがすぐ近くにあります。実際には市としては二つか三つです。ディストリクトカウンシルは独立しています。

図9 スコーネ地域における事実上の労働市場圏

30年間でどうなったでしょうか。マルメは一つになりました。スコーネ全体が一つになり、この中が通勤圏です。

二つ言えることがあります。まず交通システムがしっかりしていなければいけません。この期間、そんなに改善はしなかったのですが、実際には自動車で人は動いています。ということで、個人が自家用車を持って動い

ているという形になっています。しかしながら、人口密度が上がってきて、マルメやコペンハーゲンの状況から見て、やはり公共交通システムに戻らなければいけないと考えています。

（5）地域および地方の発展を促進する仕組み

では、地域の成長を促す要因としてはどういうものが考えられるかということですが、これは別に珍しいものではありません（図10）。世界中どこへ行っても同じようなことです。かながわサイエンスパークも行きましたし、ビジネス・インキュベーション・センターも見せていただきました。私どものものとよく似ています。私どもは、大学にサイエンスパークを1983年につくっています。これはカリフォルニアに倣ってつくりました。スタンフォードモデルと呼ばれています。これが第1号で、非常にうまくいっています。10年か15年かかって、やっと成功しました。それから民間の投資や公的な資金がこの中に入っています。長期的な観点を持たなければいけません。最終的にそこからいろいろなものを得られるわけです。

スタートアップ・センターやインキュベーターがあります。これは非常に成功しており、新しい産業、新しい企業を興すという意味で大きな力になっています。

それから、ネットワーク組織があります。これは地域レベルでつくっています。実際に観光にかかわるもの、イベントにかかわるもの、それから投資にかかわるものということで、ネットワーク組織をつくっています。民間組織では非常に重要な意味合いを持っており、共通の部分に関しては、民間部門が大きな貢献をしています（図11）。

あまり拡張しすぎてもいけないのですが、サポート・プログラムがあり、それをどのようにして有

図10 地域発展と地域政策
- 地域の発展とは何か？
- 地域の発展は地域政策に依存するのか？
- **地域および地方の発展を促進する仕組みは何か？**
- あるコミュニティーには存在し、近隣コミュニティーには存在しない「X要素」は何か？

図11 地方レベルの仕組み
- サイエンス・パーク
- 起業支援 ― コーチとインキュベーター
- ネットワーク組織
    - スコーネ地方の観光
    - スコーネ地方のイベント
    - スコーネ地方への投資

効に使うか、考えていかなくて
なりません。私どもの地域レベ
ル、そして地元レベルにおいて
も、幾つかの支援プログラムが
あります（図12）。

　まず、コンピタンス、能力を
開発しなくてはいけません。地
元のビジネス・サポートによ

図12　仕組み
- 支援プログラム―欧州構造基金(ERDF)および欧州社会基金(ESF)
  - コンピタンス開発
  - 資金・資本支援
  - 水平協力
    - クラスター
    - 産業地域
    - 分野協力

り、自らそのコンピタンスを養成し、そして独立していくという方向性です。

　また、資金・資本の支援があります。かつてはこのような支援はしていませんでした。しかし、キャピタルファンドのようなもの、欧州構造基金、また社会基金などと言われているものを投資しております。これにより再生化のプロセスを進めていきます。

　これは一つのモデルですが、あまり大々的にやるということではなく、地域または地元のレベル、そしてビジネスセクターに特化するようにしています。それからさまざまな協力があります。産業地域、産業集積の分野間の協力を推進していかなければいけないと思います。例えば観光業は非常にいい例になるのではないでしょうか。

（6）あるコミュニティには存在し、近隣コミュニティには存在しない要素「X」は何か

　さて、地域の成長の伸びに関しては、成長率はヨーロッパの中で一律ではありません。地域、地方でも違います。なぜそのような違いが出てくるのでしょうか（図13）。

　社会・経済地理学を研究しますと、非常に有名な教授がおられます。ルンド大学の Gunnar Tornqvist 教授です。この教授がいろいろな概念を提出されており、その名言の一つがあります。「産業というものは風土の中に存在する」と言っています。なぜ産業と風土に関係があるのでしょ

図13　地域発展と地域政策
- 地域の発展とは何か？
- 地域の発展は地域政策に依存するのか？
- 地域および地方の発展を促進する仕組みは何か？
- **あるコミュニティーには存在し、近隣コミュニティーには存在しない「X要素」は何か？**

か。

　例えば、ヨーロッパにおける産業革命を見ていきますと、ある1カ所に世界レベルの競争力が発生するとします。すると、競争力がそこに集積してきます。日本の例でもそうではないかと思います。川崎の産業界では多くの企業が地元でしのぎを削っています。その中において競争優位性を高めることにより、世界レベルの企業に成長している例がたくさん見られるかと思います。同じようなことがヨーロッパでもあります。

　これは別の例でも見ることができます（図14）。フットボールチームを考えてください。世界でも有数のフットボールチームがあるところに存在すると、同じような効果が出てきます。例えばこれも産業として考えることができるでしょう。マンチェスターという都市を見ても、二つ、三つの強いチームがあります。近くにリバプールもあります。ドイツでもそうです。幾つかの有力チーム、北イタリア、バイエルン、トリノなどがそうです。同じような形で、割と近い所で競い合い、大きく育つ「雰囲気」の中で産業が育成され、また新しい産業が出てくることもあります。それにより、集積することで資金を生み出す、ネットワークができる。それにより力を蓄えることができるわけです。

図14　地域および地方の発展環境
- 地元における世界レベルでの競争
    - どこのサッカーチームが一番強かったのか
    - 「産業とは雰囲気の中に存在するもの」
      (Thönqvist)
- 信頼感
- 独自の能力/知識

　そのような地域が出てくると、今度は隣の地域にも出てくるかもしれません。それがある種の要素、「X」ではないかと思います。要素「X」はある特定の地域にあるかもしれません。しかし、それは実際にはどうしたらいいでしょうか。フットボールももちろん産業かもしれません。例えばスウェーデンにもイブラヒモビッチという有名人がいて、バルセロナでも有数の選手になっています。ユーゴスラビアからスウェーデンに来て、今度はイタリアに行くというような形で、人の移動が出てきます。フットボールチームでも組み合わせによって特殊な要素が働くことにより、新しいものが出てくる、またはその新しい所に移動することもあるでしょう。そのような視点です。新しいフットボールチームがどこが有名になっているのか、なぜそこが有名になっているのかを推理することができるかと思いま

す。

　地域が発展するためには信頼感が必要です。それにより、富も集積することができます。

　そして独自の能力・知識も不可欠でしょう。これは暗黙の知識と言うべきです。地域の中に根付いているものを最大限に活用していくことです。風土をつくり、信頼感を持ち、そして能力・知識を呼び込んでくるということです。

（7）国を越えたエースレンド地域

　さて、地域の交流は国境を越えることがあります（図15）。デンマークとスウェーデン間の地域協力が現在行われています。エーレスンド（Öresund）・コミッティーという行政組織があります。ここでは、地域協力が企業活動などにも入っています。

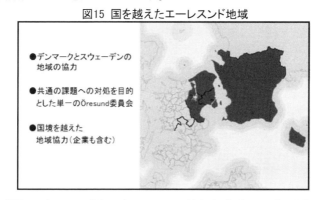

図15　国を越えたエーレスンド地域

　協力に関して七つのプラットフォームがあります。これは後にご紹介します。

　デンマークとスウェーデンでは地域協力がなされています。これによってどのぐらいの成長があるか、これは二つの国をまたがっているので統計では取られていないこともありますが、エーレスンド商工会議所で作成した統計をご覧いただくことができます。また、このような統計を作成するに当たって、大学、または研究者の協力も得ています。私どもの2カ国の地域の共同によってどれぐらいの実績が上がっているのかをご覧いただきたいと思います（図16）。

図16 エーレスンド―スカンジナビアで最も高い成長を示す地域

	スカンジナビア	ヨーロッパ
・総地域生産	1	11
・国際航空便	1	9
・科学力	1	6
・外国直接投資	1	5
・情報通信業従事者数	1	-
・バイオテック部門の企業数	1	-
・ロジスチック部門の従事者数	1	

Sources: SCB, Copenhagen Economics, Prof Christian W Matthiessen, Öresund IT Academy, Medicon Valley Alliance, Öresund Logistics, Öresundskommitteen, SSIHK

例えば、地域のGDPに関しても、スカンジナビアではもちろんナンバーワンになっています。ヨーロッパ全体で見ても11位になっています。国際便、飛行機の路線に関しても、スカンジナビアでは一番集積が高くなっています。ヨーロッパでは9番目です。科学力ではスカンジナビアで1番。あらゆることに関してスカンジナビアで1番になっています。ヨーロッパ全体でも6位になっています。外国直接投資はヨーロッパで5位です。

ここで七つの強力なインフラを見てみましょう。このような分野において非常に強い状況になっています。さまざまな障壁はありましたが、それを私たちは地域協力の中で乗り越えることができました。

（8）スコーネにおける不均衡

さて、スコーネ地方は相当底力を付けてきたことは申し上げたとおりです。東京もそのような形になっているのではないかと思います。ただし、そうは言いながら、やはり問題もあります。

1999年から2008年の人口の伸びを円の左上で見ています（図17）。スウェーデン全体とこちらの地方との変化率を比較していますが、緑ならスウェーデンの平均よりも良いということです。雇用の状況がスウェーデン全体よりも良ければ、この円の右上のこまは緑になります。それから今度は住宅費がスウェーデン全体よりも良好であれば緑で、これは円グラフの下に示しています。

図17 スコーネ地域における不均衡

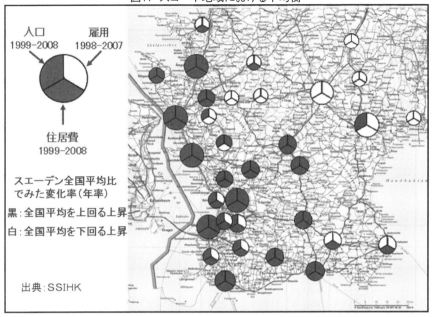

ご覧いただけますように、パターンを見て取ることができます。スコーネ地方の西側に、デンマークのコペンハーゲンがあり、マルメもあるということで、大きな産業、または経済活動の中心地があります。経済的中心があるような西部はほとんど緑になっています。郊外の方になると、雇用に若干赤信号が出ていますが、中心部に関しては緑が多くなっています。なかなか状況はいいと読み取ることができるでしょう。

このような所に住んで、仕事をする。郊外であっても、通勤して、仕事をし、生活を支え、そして子どもを育てる。そのような形で都市、または地方も生活ができます。子どもを育てていくために、例えば親が育児休暇を取ります。若干、郊外では雇用が低くなっているかもしれません。いずれにしても、このような形でスウェーデン全体とスコーネ地方における不均等を比較することができます。首都があるストックホルムとの比較も行うことができます。

3．仕組みか個人か

次に二つ目のところを見ていきましょう。これは仕組みなのか、個人の問題なのかということです（図18）。実際にどういうことが成長を促す要因なのか、これは地域のレベルで三つの理論について取り組んでいます。

図18 仕組みか個人か？

発展を作り出すものは？　3つの理論
・Michael Porter　－　クラスター
・Richard Florida　－　創造的階層
・Robert Putnam　－　信頼

図19 クラスター協力か創造的階層戦略か？

- 両方とも！　しかし、高度の信頼の上に築く必要
- 多くの企業家はクラスターのことを知らないか気にしていない。成長する中小企業は適切な能力と地域のネットワーク形成に焦点を絞っている。
- 従業員の交流はフォーマルな仕組みよりも協力を推進する。意図しない知識の交換 (Modysson)

- R Floridaの理論は大都市地域には適用可能 → 地方における成長政策構造の在り方は？
- 人口密度の低い地方では、アクター間の信頼を構築し、そのうえで何らかの「創造的階層」を誘い込むことの方が重要
- 地域の企業家精神を向上させるような地域市民社会が重要

マイケル・ポーターはクラスターに関する話、それから、産業集積のことも少し議論しました。彼は主にクラスターに関心を持っています（図19）。リチャード・フロリダは創造的階層という答を出しました。政治社会学者のロバート・パットナムは社会資本ということを言っています。

クラスターにおける協力なのか、あるいは創造的階層の戦略か、どれが重要なのか。恐らく両方が重要なのでしょう。しかし、ここで少し注意しなくてはいけません。やはり高いレベルでの信頼が重要になってきます。多くの起業家はクラスターの一部になっているのかどうかも知らないし、あまり関心を持ちません。関心を持っても非常に時間がかかるということで、それほど時間を割いてはいないということです。ということで、きちんとした能力を見つけてきて、その地域、地元のビジネスのネットワークをつくることが重要であろうと思います。これは必ずしも地元のクラスターではできないこともあります。

そこで、社員のいろいろな交流があるわけです。メディコンバレー・アライアンスという例もあります。こういったところでクラスターができますが、クラスターとの知識のやり取りではなく、従業員間の情報のやり取りがあります。それぞれ会社の中でいろいろな所へ配置換えがあり、いろ

いろな部門で働きます。そういう形で知識を会社の中で、あるいは、ある会社から別の会社へ情報の交流、知識の交流が行われます。これは意図せずそういったことが行われるということになります。

フロリダもメトロポリタンの問題を取り上げています。創造的階層（クリエイティブ・クラス）は実際に大きな都市ではたくさん数が見つかります。農村部ではなかなかそうはいかないと思いますが。人工的な環境をつくろうとしても、人を雇おうとしてもなかなかうまくいかないわけで、創造的階層をつくろうとしてもうまくいかないところがあります。

地域市民社会をつくることが重要です。これは信頼をもとに、公務員、地域の意思決定者、住民で、新しいビジネスをつくっていこうという意向がなければいけません。それから地域の政治家がきちんとした役割を果たすことも重要です。そしてその地域のビジネスをやるための環境を整えることが重要です。

4．地域内協力の成功例

（1）コネクト・スコーネと地域の起業支援センター

こちらに非常に成功した協力の例が出ていますが（図20）、まず、「コネクト・スコーネ」というネットワークがあります。これはイノベーションをサポートするものです。企業と起業家を結び付けていくものです。新し

図20　地域内協力の成功例

- Connect Skåne（Scania） － 地域の企業家とビジネス・エンジェルに支えられたイノベーション・ネットワーク
  (Global CONNECT Networkの一環)
- 地域の起業支援センター － 地域の銀行、企業および地域議会が共同出資
- Öresund Science Region

い企業のアイデアを出していくということで、そしてこれは能力面でも、資金面でもいろいろな貢献をします。そして全部ボランティアベースでやります。その地域、そして地方の成長につなげていかなければなりません。弁護士、銀行関係、会計士、それから専門家、いろいろな業務の人たちがそこへ参加しなければいけません。そして資金だけでなく、新しい市場が生まれるという見返りがこういった努力で得られるわけです。

私どもは支援をして、新しい中小企業、新しい企業ができていくようにということで取り組んでいます。こういった、てこ作用が必要になってき

ます。独特のやり方をいろいろな所へ広げていくことも重要です。これはスタンフォードから出てきたユニークな方法です。

　それから地元の銀行がスタートアップに対して融資をすることも重要です。特に革新的な企業に対して資金を投入することも重要になってきます。それから地域の銀行、地域議会が共同出資をしていくということがあります。それからインキュベーターなども必要です。インキュベーターをつくることにより、3年という期間を区切って、新しい着想について実験をすることも必要になってきます。

(2) Öresund Science Region

　それから、「エーレスンド・サイエンス・リージョン」、これがエーレスンドの協力の中でできた重要な結果だと考えております。スコーネの政策の90％はリソース面でも精神的にも、やはりサイエンス・リージョンをつくるのだという方へエネルギーを注いでいます。

　「エーレスンド・サイエンス・リージョン」は地域開発の計画であり、プロジェクトです（図21）。実際に国境を越えた形でこれはできています。この地域へ来ていただくと、横浜ベイブリッジのような形に見えますが、実際はそうではなく、少し違います。

図21 Öresund Science Region—EUの共同支援を受けた地方発展プロジェクト

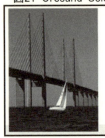

- イノベーションおよび研究プラットホームおよび特定企画プロジェクト
- 地方のコア・コンピータンシーについて、スエーデンとデンマークの国境を越えて当局、産業および大学間の連携を構築するための道具立て

1. Medicon Valley アカデミー（健康/製薬）
2. Öresund ITアカデミー
3. Öresund 環境アカデミー
4. Öresund 食品ネットワーク
5. Öresund 物流
6. Diginet Öresund（デジタル娯楽）
7. Nano Öresund

　このフィックスト・リンクというのは20kmぐらいある橋になっております。そしてトンネルが一つ、橋が一つあります。この橋の長さは12kmぐらいです。車が走る所と鉄道が走る2階構造になっています。これを通勤客が使っています。これは単にツールではありません。この実り多い協力のシンボルでもあります。

　実は今年7月で10年を迎えます。10年たって、大きくパターンが変わっ

てきました。通勤の仕方、新しい事業の起こし方、国境を越えた協力の在り方、こういったものも変わってきました。

また、私どもはサイエンス・プラットフォームを、政府間、産業界、大学の間でもつくっています。それにより、地域、あるいは国境を越えたコア・コンピタンスの交流をしています。

ここは非常にきれいな所です。ヨットで走るのも素晴らしいです。工業都市でもありますが、バケーションをするにも非常にいい。特に夏のバケーションに向いています。

それから、七つのプラットフォームがあります。メディコンバレーのアライアンスを始めました。これは医療・製薬に焦点を当てています。そうした中で、欧州のハイデルベルクやケンブリッジと並んで、スイスの一部は、こういった産業が非常に集中している地域です。

エーレスンド IT は、IT といっていますが、実は通信も入って ICT です。ソニー・エリクソン（ソニーとエリクソンの共同出資会社）、テレコムの会社も本社を置いています。

環境アカデミー、それから食品ネットワーク、ロジスティクス、これは輸送にかかわるところです。それから、新しいデジタル技術のテストベッドになっている「デジネット・エーレスンド」があります。「ナノ・エーレスンド」もあり、2017年に実際にこれが開業します。

The European Spallation Source がありますが、この施設は日本ももう開設したのかと思います。少し遅れているかもしれませんが、米国にもあります。世界に三つしかありません。ニュートロンを入れて、その中で物質の構造を見るというものです。これは製薬、材料工学といったところに大きな貢献をすると思います。ということで、今、大きな人気を博している分野でもあります。この一つのユニットに対して約1,700億円が投資されることになっております。それから、国レベルでの実験室もあり、同じ分野で協力もしています。

5．バーセベックカントリークラブ

一人の人間がどのようにして概念を変えることができるかという例を申し上げたいと思います。

私が住んでいる地域に「バーセベック・カントリークラブ」があります。90歳の方がこれを可能にしました。1970年代後半、ランズクルーナという所に産業集積ができまして、ワレンバーグというスウェーデンの企業グループが小さな9ホールのゴルフコースを買いました。これは71年の様子です。海岸線に近い所にあり、こちらに海があります。デンマークが反対側にあるわけです。
　これは小さな開発事業です。80年代初めにたくさんのお金を投資して開発をしました。その後、金融危機がスウェーデンを襲いました。これは自国で発生したような危機でした。多くの倒産が発生し、実際に銀行が倒産しましたが、ローンは確保されました。
　1980年に欧州をベースにした最初のトーナメントを行い、「スカンジナビアン・マスターズ」と呼ばれていました。それから2年に1回ずつ、欧州では最大のツアーを開催するようになりました。
　2003年、私どもは「ソルハイム・カップ」を行いました。欧州と米国の女性ゴルファーのコンペでした。これは実際には最大規模のゴルフコンペと言ってもいいと思います。
　この90歳の人は、依然としてビジネスをしています。こちらのクラブハウスにオフィスがあり、こちらで勤務しています。36ホールになり、ショートホールが九つあります。これは国の法律によって現在、守られています。ほかの人が誰もやり得ないようなことを1971年からしてきたという起業家です。
　昨年、「スカンジナビアン・マスターズ」がこちらで行われました。これは17番ホールです。これは「アリソン・ベイ」と呼ばれており、デンマークの反対側にあります。ということで、ユニークなゴルフコースで、公園があり、海岸があり、森林があるという組み合わせになっています。非常に珍しい組み合わせになっており、世界のゴルファーたちが「バーセベック」に戻ってきてゴルフをしてくれます。これは第8番ホールで、非常に有名な所で、ここにプレーヤーがいます。ステンソンというスウェーデンのベスト・ゴルフプレーヤーがこちらでプレーをしています。

グローバルなイノベーション勝者を目指して
―ノルウェーのクラスターからの視点―

ビヨン・アルネ・スコーグスタッド
Bjørn Arne Skogstad

　私はノルウェーのクラスタープログラムを担当しています。3年前にもノルウェーのクラスタープログラムについてどのようなものか、どのようにしてノルウェーでこのプログラムを築いてきたのか、ご紹介させていただきました。今回は、その次のステップのお話をさせていただきます。ノルウェーの産業の再生、再編におけるクラスターの役割とは何なのかということをもっと考察してみたいと思います。また、皆さまがこのシンポジウムを繰り返し開催していることはとても評価されることだと思います。国同士のつながりや国際化がますます重要になっているからです。例えばノルウェーの産業界やクラスターと、ここ日本の産業界やクラスターのパートナーシップがますます重要になっていくでしょう。こういうパートナーシップは、研究分野や教育分野、さらには政策決定者の間や、企業の間にも広がっていくと思います。

　私のプレゼンテーションは、四つに分かれています（図1）。最初に、ノルウェーとノルウェーの産業界の発展に関するマクロ的な見方を簡単にご紹介します。2番目に、イノベーション・クラスターの役割と、これに関連する重要な要素についてご説明します。3番目は、クラスタープログラムについて、非常に限定的ではありますが、ご紹介します。最後に、このプレゼンテーションの核心になりますが、ノルウェーの産業を進歩させるために、私たちがどのようにアクションを行っているか、クラスターや協力ベースのイノベーションの活用にはどんな可能性があるのかということをお話ししたいと思います。

図1

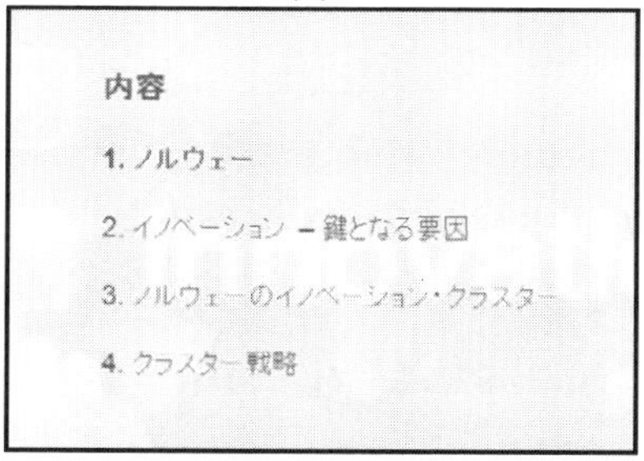

内容
1. ノルウェー
2. イノベーション – 鍵となる要因
3. ノルウェーのイノベーション・クラスター
4. クラスター戦略

1．ノルウェーの紹介

　最初のメインテーマは、農村部でどのように産業を生み出していくか、この点におけるイノベーションの役割とは何かということです。半分冗談ですが、ノルウェーは田舎の国だと言えます。ノルウェーはヨーロッパのはずれにあります。ヨーロッパと北極の間にあって、人口は500万人ですから、少なくとも世界的に見れば、ノルウェーは田舎です（図2・3）。もちろん、ノルウェーにはもっとサブルーラルなエリアもありますが、このことは世界的な競争において、デメリットなのか、メリットなのか。これがメインの疑問です。

図2

図3

　最初に、スポーツの世界を見てみましょう。ノルウェーは常にウィンタースポーツの成績がとても良い国ですが、1990年代の初めにはオリンピックで三つの金メダルを獲りました。しかし、これでは不十分でした。これは国の威信に関わることなので、スポーツで世界的に勝てる人を増やすために、国全体で取り組みが行われました。何をしたのかというと、さまざまな競技を対象に、国で専門家機関を作ったのです。これは非常に成功を収めて、恐らくスポーツ分野では世界でも最高の専門家機関の一つになっています。それ以降、現在のノルウェーは1度のオリンピックで10～15個の金メダルが獲れるようになりました。重要な理由の一つは、競技間で協力する能力が育ったことです。例えば、アルペ

図4

ン競技で金メダルが獲れたら、その経験と方程式を他の競技にも当てはめるということです（図4）。

　私は今、日本にいますから、もう少し謙虚になって日本についても申し上げると、日本には葛西紀明というジャンプ選手がいます。彼は43歳で、1989年に初めて国際大会に出ましたが、今でもトップレベルの選手です。これは誰にも真似のできないことです。毎年チャンピオンを出している日本にも、賛辞を贈りたいと思います。

図5

ノルウェー：ファクト
- 一人当たりGDP: $67,200
- 都市人口：全人口の80.5%
- 主要都市地域一人口：オスロ（首都）986,000人
- 中心値年齢：男性38.3歳、女性39.9歳
- 平均寿命：男性79.7歳、女性83.81歳
- 輸出一商品：
  ○ 石油および石油製品、機械機器、金属、化学製品、船舶、魚介

Source: The world factbook, CIA

　ビジネスに話を戻しますと、ノルウェーはコモディティで知られる国です。石油を売り、ガスを売り、魚を売り、原料を売っています（図5）。これは事実ですが、実態の一部でしかありません。ノルウェーは、コモディティをイノベーションの原動力として活用することにかなり長けていると私は思っています。コモディティから技術を開発し、その技術がソリューションの原動力になり、そのソリューションが今度はアフターマーケットの原動力になります。例えば、ノルウェーが有名な石油とガスを見てみると、石油そのものよりも、技術ベースのソリューションでより高い収入が得られています。また、シーファームでもかなりの割合で技術ベースのソリューションが生かされていて、原料を生かしています。ノルウェーではアルミニウムが生産されていますが、世界の市場で売られるよりもはるかに多くのアルミニウムが、自動車メーカーや海運セクターなどに売られています。

　生産性に関しては、これは我が国でとてもホットなトピックなのですが

図6 一部OECD諸国の労働生産性

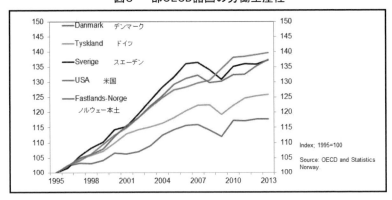

図7 製造業における時間当たり賃金コスト

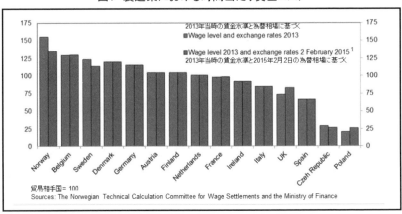

ノルウェーは世界でもトップレベルです（図6）。他の国々と同様、ノルウェーも2008年と2009年の金融危機で景気が落ち込みました。その後、景気は回復しましたが、十分な速さで回復しているとは言えません。私たちは、単にトップレベルになるということよりも、さらに高い目標を掲げているからです。その背景にあるのは、世界でも最高レベルのノルウェーの賃金です（図7）。ラッキーなことに、今は為替レートのおかげで助かっています。現在の日本も同じではないかと思いますが、為替レートのおかげで競争力を維持できているのです。ここに、私たちが常に生産性を改善しなければならない理由があります。世界で8位や10位では駄目なのです。

私たちは1位か2位にならなければならない、そのために国を挙げて生産性を向上させるプログラムに取り組んでいます。

同時に、ノルウェーの産業はもっと大きな規模で生まれ変わらなければいけないという課題を抱えています。石油・ガス産業は大幅に縮小すると見られているため、私たちは新しい分野の新しいビジネスを開拓しなければなりません（図8）。私たちが持つ技術の中でも最高のもの、例えばここ20年間、石油・ガス産業で行ってきたことに関連する技術を生かして、分野横断型のイノベーションをしなければなりません。ここでも恐らく、分野横断型イノベーションを進める際に一番重要な成功要因は、協力です。協力せずに分野横断型イノベーションを行うことはできません。

図8 石油部門に対する需要

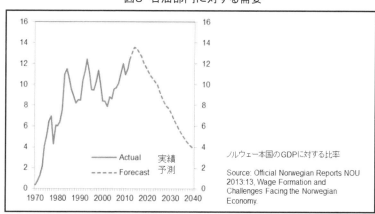

図9 企業コミュニティ；中小企業

もう一つのマクロ的要素は、ノルウェーは中小企業が多い国だということです。企業の99%が中小企業です（図9）。中小企業というのは従業員が250人以下の企業です。企業の80%は成長していません。これはとてつもない課題です。文化的な問題と、現在私たちが取り組んでいる分野の問題の両方があります。文化的な問題というのは、ノルウェーの中小企業は、全てではありませんが、一般的には自分の分野において国内トップの存在になれれば満足してしまう傾向があります。こういう企業を国際的な競争環境に出させるのが大変で、重要な課題になっています。私が働いているイノベーション・ノルウェーでも、このことは最も重要な任務の一つです。今ちょうどお話に出たマクロ的な展望からすると、このような状況は急速に変化させなければなりません。ノルウェーの産業を刷新し、世界的な競争力を強化しなければなりません。

　同時に、私たちは先生がご紹介してくださった、さまざまな要因に直面しています。これらの要因は、ますますたくさん、ますます早く、私たちに襲いかかってきています（図10）。ノルウェーが突入しようとしているポスト石油の時代は、私たちに目覚めを促す警告になるでしょう。同時に、他のあらゆる国と同じく、次の産業革命や、低炭素社会への移行など、技術とトレンド双方の面において破壊的な変化の最前線にさらされます。このことは企業にとって、その再生にとって、どういう意味を持つのでしょうか。これは大きな問題です。

図10　ノルウェーの企業は挑戦に直面している

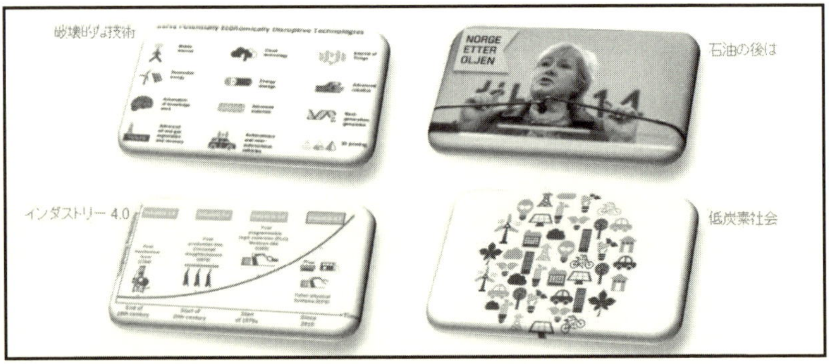

2．イノベーション：主要因

　マクロなトレンドとノルウェー特有の問題について、簡単に背景をお話いたしました。次はイノベーションについて、それからそのトップレベルの展望についてお話しします。
　ノルウェーは、日本と同じく経済発展していますが、社会における新しいイノベーションと技術の導入の数が大体同じくらいです。ご覧のとおり、成長している企業や発展途上の国では、イノベーションより圧倒的に技術の採用の方が多いです（図11）。

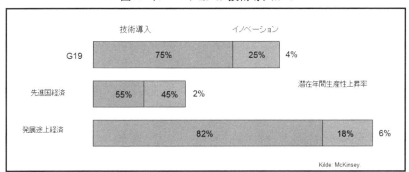

図11　イノベーションか技術導入か？

　私たちは、両方で成功しなければなりません。まず、イノベーションに焦点を当てる必要があります。製品とソリューションを刷新し、実際に国際市場でそれらの販売に成功するということです。これはとても重要なことです。その分野でトップレベルになれば、競争の最前線に立つことができ、自ら標準を定めることができるからです。しかし、同時に他の国に存在する技術のメリットも取り入れ、完璧なソリューションへと改善することも必要です。その両方の組み合わせが非常に大事なのです。ノルウェーは特に改善が得意で、他の国で起こっていることをよく観察して、パートナーシップを組み、あらゆる技術を取り入れて完璧なソリューションを生み出すことができる国だと思います。
　例えば、私たちは昨日、主に産業用ロボティクスに特化したところを視察しました。個人的な意見ですが、ノルウェーがロボット技術そのものに力を入れる意味はありません。私たちが焦点を絞るべき分野は他にあるの

ですが、ノルウェーの工業生産やヘルス産業などにおいて、ロボット技術を採用することは非常に重要になっていくでしょう。そうすれば、私たちがコアコンピタンスを持つ分野により近いところで、システムや他のパーツ、類似する製品のイノベーションを行うことができるようになります。その組み合わせがとても重要なのです。

まとめると、私たちは競争力を持つためにイノベーティブなフロントランナーにならなければならず、ノルウェーは世界レベルで競争できるよう、新しく生まれ変わらなければならないということです。これは単独の企業レベルでも、クラスターとしても、地域レベルでもやっていかないといけません。そして、世界レベルで競争しなければならないのです（図12）。

これは、クラスターの役割を示したマクロな展望です。将来世界的なイノベーションの勝者を生み出すには、実際には何が必要なのでしょうか（図13）。

図12 世界市場において鍵となる要因はイノベーション

図13 何が必要か？

グローバルなイノベーション勝者を目指して（ノルウェー）

図14 世界におけるイノベーションの勝者

　私たちは、その答えの多くがクラスターに秘められていると考えています。私たちはもう15年くらい、ノルウェーでクラスタープログラムに取り組み、どのように協力を強化すればいいのか、知識を集めてきました。また、実際に中小企業を国際市場でフォローしてきましたが、これは非常に重要なことです。全てのクラスターの知識を全て集めれば、膨大なコンピタンスベースを作り、活用することができます。私たちが今実際に取り組んでいるのはこういうことで、クラスターと密接に連携しながら、さまざまな課題に取り組んでいます（図14）。

図15 答えはイノベーションである—しかし、どのようにして実現するのか？

　クラスターの役割は、そのパートナーが技術、イノベーション方法論、ビジネスモデル、セールスの開発においてフロントランナーになれるよう促すことです（図15）。ベストプラクティスを取り入れて、それを促して

いきます。クラスター構造に入り込むと、もはや自分だけで仕事をすることはできません。他の企業と密接に連携する必要が出てきます。技術やイノベーション方法論、ビジネスモデル、セールスに関する情報を共有しなければならなくなります。もちろん、自分の事業の核心部分を共有する必要はないですが、既に申し上げたとおり、私たちはこのようなプログラムをもう15年行っていて、どういうことに対して協力が行われるのか、その変遷を目にしてきました。これは年を追うごとに改善されています。協力なんて無理だと言われていたことが、2年後には実現するのです。後ほど複数の分野で見ていきたいと思います。

3．ノルウェーのイノベーション・クラスター

　クラスター同士で協力させることができれば、かなり強力な戦略を立てることができます。ノルウェーでは現在それができています。私たちはこれを「プロジェクト・グローバル・イノベーション・ウィナー」と呼んでいて、中小企業をメインターゲットに、グローバルなイノベーションの勝者を生み出すことを目指しています。

　詳しい話に進む前に、私がしている仕事について、簡単にお話ししたいと思います。私は「イノベーション・ノルウェー」で働いています。これは、ノルウェーの貿易と産業の強化に取り組む国の機関です。ノルウェー国内に14のオフィスがあり、国外に35ヵ所、ここ東京にもオフィスを出しています。私は水曜日にそのオフィスに行きました。様々な関係について話し、ロボティクスの課題について話し、ホスト役の城西大学でも、昨日はとても素晴らしい講義を受けることができました。私たちは今、工業生産のトップクラスターの幾つかと、そこから何人かを日本に派遣して、ロボティクス分野で日本のトップのところと関係作りを進められないか、協議しているところです。ロボティクス開発をリードしている日本と、ノルウェーの産業クラスターのつながりを作るのが目的です。今回の視察で成果が得られるかもしれないことの一つです。私はノルウェーと日本、ノルウェー大使館、日本の「イノベーション・ノルウェー」と、毎日このことについて話し合っています（図16）。

　私たちが企業に提供しているサービスとしては、ローカルなアイデアを

グローバルなチャンスに発展させるためのマーケティング支援、専門知識、アドバイザーサービス、ネットワーク、金融支援があります。これがメインの仕事です（図17）。

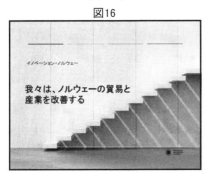

図16

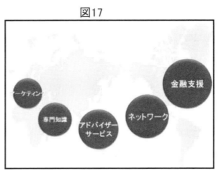

図17

こういうことができるのは、企業がどこにあろうと、私たちが企業ととても近いからです。ノルウェー国内14カ所、海外35カ所にオフィスがありますから、顧客の市場とも近いです（図18）。

これを確実に成功させるのはもちろん大変なことですが、私たちはいい位置につけていて、優れた実績もあります。「イノベーション・ノルウェー」と一緒に働いている企業は、ノルウェー企業の平均より成長率が10％近く高くなっています（図19）。「イノベーション・ノルウェー」と一緒に働くことで、投資収益率も良くなっています。生産性も2.5％改善されました。私たちと一緒に仕事をすることは、必ずしも私たちからアドバイスを得られるというだけではなくて、ネットワークづくりができるということだと思っています。これらの企業は実際に課題を抱えていて、他の企業

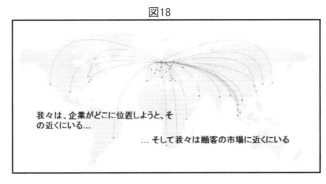

図18

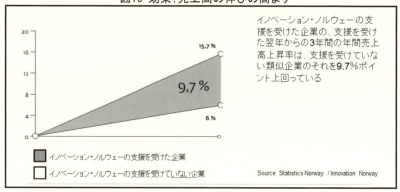

図19 効果；売上高の伸びの高まり

や他の環境を観察してベンチマークを作っていきます。しかし、最も重要なことは情熱であるということを忘れてはいけません。イノベーションに対する情熱です。決して座り込んでこれでオーケーだと言わない、いつでも前進することをひたすら目指すという情熱です。

　私たちはよく、自分たちのことを信じてくれる人の存在が重要だとか、自分たちにチャレンジしてくる人が大事だとか、そういう話を耳にしますが、そんな会社の一つに「ムード・オブ・ノルウェー」があります（図20）。この会社は15年ほど前に創立されました。今は北米、ヨーロッパ、ノルウェーのファッション業界で事業展開していますが、収益は1億ドルくらいで、かなりうまくいっています。ファッションというのは典型的なノルウェー的産業ではないですがね。

図20

私はノルウェーのクラスタープログラムの責任者として、競争力を高めることが全体的な目標です。どのクラスターも、地域的なベースがあり、私たちは長期的なパートナーシップを築いています。トップレベルのクラスターは少なくとも10年続いています。そうすることで、投資を資本化するのに必要な土台を築き、一緒に働くことができます。ほんの２～３年では不十分です。長期的なものにしなければなりません（図21）。

　ノルウェーには、アリーナと呼ばれる22のクラスターがあります。これは、地域的に見て強みがあるクラスターです。国レベルのクラスターは14あります。これは、さまざまな分野において、全国的な強みのあるクラスターです。海運、シーファーム、がん治療などがあります。それから、専門知識のグローバルセンターとしてのクラスターが３つあります。これはそれぞれのセクターで非常に強力な足場を持っているクラスターです。例えば、ノルウェーでは海運セクターがとても強いです。私たちはこのようにクラスターを構成しています。

図21　ノルウェーのイノベーション・クラスター

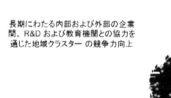

- 2つの省の資金による国のプログラム：通商産業省および地方自治・地域発展省
- 同プログラムの適用管理を担うのは、イノベーション・ノルウェー、ノルウェー研究機構およびSIVA (ノルウェー産業発展公社)
- 3段階
  - Arena – 22の地域クラスター、2002年開始
  - NCE – 14の国内/グローバル・クラスター、2006年開始
  - GCE – 3のグローバル・クラスター、2014年開始

図22 クラスターの目標

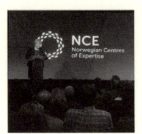

クラスターの目標
- 相互作用と協力の強化
- 共通の焦点戦略
- イノベーションと案とアントレプレナーシップの向上
- コンピータンスへのアクセス改善
- グローバル指向の強化
- 魅力の向上
- ➢ 価値創造と競争力の上昇

　ここで大事なことは、これらのクラスターが実際にその価値創造力と競争力を強化しているということです（図22）。これらのクラスターは、常にさまざまな要因に対処することでこれを成し遂げています。まず、これらのクラスターは、自分たちの戦略は何か、自分たちが強化できる共通性は何か、埋めなければならないギャップはどんなものかということに取り組んでいます。昨日の視察で、ロボティクスとロボティクス技術を工業生産に取り込むことが重要な戦略上の動きになることが確認されました。ノルウェーのそれぞれのクラスターで、アプローチは違いますが同様の動きが見られ、この戦略は毎年リニューアルされています。このことは、実際には、イノベーションの余地が毎年強化されているということを意味します。先ほど申し上げたとおり、共通のイノベーションプロジェクトに1年間取り組むことで、次の3年、4年、5年が大幅に強化されます。そのおかげでイノベーション力が高まり、セクターや部門の全体で、あるいはセクターや部門をまたがって、新しい製品やサービスがイノベーションされていきます。

　そうすると、競争力が高まります。クラスターは全て国際的に展開していて、ノルウェーの専門知識センターのレベルでも、グローバルな専門知識センターのレベルでも、全てのクラスターがそれぞれの分野のトップレベルの大学や研究機関と協定を交わしています。

　最後に重要なこととして、魅力の向上があります。ノルウェーのコンポーネントの多くは外資が所有しています。では、外国の投資家にシンガポ

ールやブラジルやメキシコではなく、ノルウェーに投資してもらうようにするための要素とは何でしょうか。私たちは、ノルウェー企業に実際に投資が行われるようにするために、これらの要素の強化に取り組んでいます。これについてはまた後ほどお話ししようと思います。

　一つ例を見てみましょう（図23）。これは GCE　NODE というクラスターで、ノルウェーの南部にあります。これは石油・ガスのクラスターで、掘削機器と掘削作業に特化しています。10年前、2006年にはこれらの企業は協力関係にありませんでした。皆互いに競合していたのです。それぞれの企業ごとに仕事をしていました。現在、クラスターができて10年経ち、とても素晴らしい業績を残しています。こういうことは、ノルウェーの他のクラスターにも見られます。

図23　なぜクラスターを支援するのか？

- 協力なくしてイノベーションなし！
- クラスターにおける協力は、企業に新しいアイデアを与え、パートナーへのアクセスを可能にする
- 組織化されたクラスターに積極的に参加する企業の方がパフォーマンスが良い
- ダイナミックなクラスターは、アントレプレナーに最善の環境と機会を創出する
- 地域発展の牽引力としてのクラスター

　コンピタンスのレベルでは、コアコンピタンスであるメカトロニクス面で新しい教育サービスを開発・導入しました。学士、修士、博士のレベルで教育を行っています。地元の大学で教えていますが、海外の大学ともつながりを持っています。6年前には存在していなかったものが今では存在し、企業との間に密接な関係ができました。メカトロニクスの世界トップクラスの検査・デモンストレーション用研究室がつくられ、企業が利用できるようになりました。今では新しい技術トラックがあり、古くからの企業も利用できます。ビッグデータ分野、ロボティクス分野、例えば混合材料などもあります。こういう分野は一つの企業で取り組むのは大変なので、クラスターとして75の企業が集まって世界中のトップレベルの大学や研究機関と一緒に取り組むというのは確かに意味のあることです。

現在、このクラスターは石油価格の下落という問題に直面しているため、分野横断型のイノベーションにとても力を入れています。洋上風力発電の新しいソリューションや、地域レベルの水管理の新しいソリューションを展開しています。それぞれのコアコンピタンスを生かして、新しい応用分野を開拓しています。こういうことは、それぞれの企業が孤立して仕事をしていては達成できません。10年前はそうだったのです。それが今、これらの企業はこういうことができ、その上素早く行動できる立場にあります。
　これはノルウェーでのことで、他の国でもこれをモデルにすべきだと言っているわけではありません。私たちはこれを非常に慎ましい投資額で行っています（図24）。年間にすると、ノルウェーのトップレベルのクラスターは基本サポートとして約100万ユーロ受け取っていますが、そのおかげでクラスターは適切な行動を取るための能力ベースを整備することができます。戦略を立て、パートナーを動員し、国際的な関係を築くための能力ベースができます。残りの支援は他のプログラムから受けなければなりません。企業そのものであったり、投資家やEU、その他の機関から支援を受けます。しかし、こういうベースが一番重要です。ベースがなければ、エキストラも手に入りません。

図24　プログラム概要

4．ノルウェーのクラスターの展望

　私たちは本当に成果を出していると思います。国レベルでももっといろいろできるようになっているからです。ノルウェーのクラスターの展望についてお話ししましょう。

　これが大事なのですが、先に進む前に一歩振り返ってみると、私たちのプロジェクト（「グローバル・イノベーションプロジェクト」）はノルウェーの全てのクラスターが参加しているプロジェクトなのですが、どうすればグローバルなイノベーション勝者を生み出すことができるか、どうすればお互いから学び合うことができるか、どうすれば世界中のベストプラクティスを学ぶことができるか、単独の企業ではなく一つのクラスターとして、今後一緒に仕事をしていく枠組を整えるにはどうすればいいのか、そういったことを自問してきました（図25）。一番のテーマは、私たちがグローバルな枠組を理解し、確実に先取りするにはどうすればいいのか、グローバルな枠組が私たちに襲いかかる前に理解しておくにはどうすればいいのか、破壊的なトレンドも含むメガトレンドを理解し先取りするにはどうしたらいいのかということです。影響を受ける前に準備し、適切な位置についておく方がいいです。それから、ノルウェーの利点を最大化し、生かすにはどうすればいいのかという問題があります。繰り返しになりますが、私たちはちょっと中心から離れています。人口も少ないです。でも、そのおかげでより迅速に全国レベルの協力体制を築くことができ、実際にそういうメリットを生かすことができています。

図25　我々の考える、ノルウェーにベースを置くグローバルなイノベーション勝者とは…

私たちは、4つの戦略イニシアチブに取り組んでいます（図26〜32）。ナショナルパートナーシップでは、クラスター自体がもっと地域に根ざしたパートナーシップになっています。ナショナルパートナーシップというのは、全てのクラスターをネットワーク化するものです。これは世界中のさまざまな地域で見られますが、当然ながら、最もダイナミックなイノベーションエコシステムがあるところに、はっきりとしたメリットが見られます。私たちもそれに、国レベルで取り組んでいます。私たちは圧倒的な技術を理解しようと努めていますが、これはとても重要で、課題になっています。大企業にとってさえ課題になっているのです。単一のクラスターにとっても問題ですし、国レベルでも問題になっているので、私たちはこの問題に向けて取り組みを行っています。

　そのための4つ目のイニシアチブは、グローバルなトップレベルのエコシステムと一緒に働くというものです。私たちは競争力を高めるためにこれを行っています。実際には、ナショナルパートナーシップを見ると、全体的なレベルでは依然として、もともとの事業をどうやって刷新するか、再編するかという問題になっています。イノベーション・プラットフォームでは、より強力でダイナミックな未来志向のイノベーション・プラットフォームをどうやってもっと築いていくかということが問題です。国際的なレベルでは、グローバルなトップレベルのエコシステムと一緒に仕事をすることは、とりわけ、中身のある関係を築くということです。ここで問題になるのは視察ツアーではありません。密接な関係を築き、プロジェクト協力や、長期的な組織作りをすることです。そして、破壊的な技術やトレンドをより良く理解するためのプログラムに取り組みます。

　私たちは実際にこれをしてきました。簡単なことではないので、説明する必要がありますが、私たちには国家プロジェクトに関連する幾つかのトレンドがあります。国の関心事項である重要分野に取り組む実用的なプログラムでトレンドを作り、クラスターが主導的な役割を果たしています。後ほどご説明しようと思います。私たちは既に幾つかのトレンドを作ってきましたが、クラスターの中から、もっと変化をもたらすトレンドを送り出していきたいと考えています。

　私たちは、全てのクラスターと、カリフォルニアのベイエリアを何度か訪ねました。行く前にたくさん準備をして、その後にもたくさん作業があ

グローバルなイノベーション勝者を目指して（ノルウェー）

図26 どのように貢献するのか？

仮定	クラスターの貢献
❖ …グローバルなフレームワークを理解し、先取りしている ❖ …メガ・トレンドを理解し、先取りしている ❖ …《ノルウェーの利点》を最大化し、活用する	中小企業、新規起業に下記へのアクセスを可能とする： ❖ 意欲、戦略、知識および過程に挑戦するためのパートナーシップに向けて ❖ ダイナミックで未来に焦点を当てたイノベーション・プラットフォーム ❖ 破壊的技術に関する最高の知識とその市場発展にとっての重要性 世界の先頭を行くイノベーション環境

図27

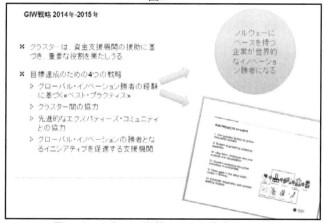

図28 クラスターの貢献—4つの戦略的分野

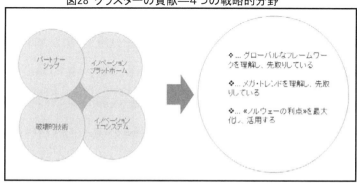

図29 クラスターの貢献—4つの戦略的分野

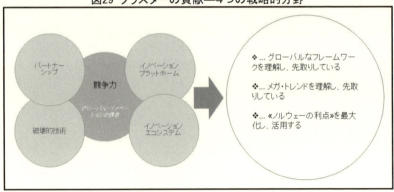

図30 GIW2.0；ビジョン–使命–戦略

- **ビジョン**；ダイナミックでイノベーティブかつ競争力を有するノルウェー企業 – グローバルな意味で
- **使命**；ノルウェーにベースを持つグローバル・イノベーション競争に貢献する
- **戦略**；クラスター内、クラスター間、世界の先進的環境との協力 – バリュー・チェーン全般におけるイノベーションの増大

図31 クラスターの貢献—4つの戦略的分野

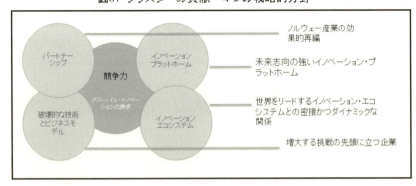

ノルウェー産業の効果的再編

未来志向の強いイノベーション・プラットホーム

世界をリードするイノベーション・エコシステムとの密接かつダイナミックな関係

増大する挑戦の先頭に立つ企業

図32 クラスターの貢献—4つの戦略的分野

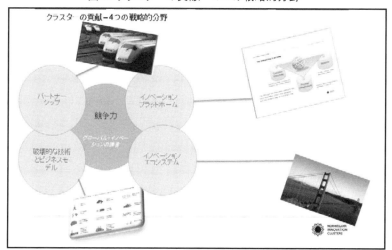

りましたが、そのおかげでノルウェーのクラスターとベイエリアの間で現在50のプロジェクトが進行しています。コンピタンス面、教育面、イノベーションプロジェクト、文化面でもプロジェクトがあります。私たちはカリフォルニアのベイエリアをコピーしたいわけではありません。もともとベイエリア・モデルをそんなに信頼しているわけでもありませんが、その中から最高のものを取り入れ、ノルウェーにふさわしい形で導入しているのです。

　私が日本にいる間にも、一部の分野でプロジェクトのスタートを切れると思います。世界トップクラスの日本とどうすれば中身のある関係を築けるでしょうか。私たちが今ここで取り組んでいるのはそういう分野です。世界トップクラスの環境に取り組んでいるのです。先ほど触れたロボティクスは、この点からするととても実践的で具体的なプロジェクトです。

　私たちは世界35カ所にオフィスを持っていて、破壊的な技術やトレンドをめぐる取り組みを行っています。皆さんがまだこのような動員をしていなくても、きっとこれらのオフィスが既にやっているでしょう。ノルウェーには今、このテーマに関して世界のさまざまな市場で起こっていることを、これらのオフィスが教えてくれるというシステムがあり、私たちはこの知識を集めてクラスターに還元しています。

図33 イノベーション・プットホーム

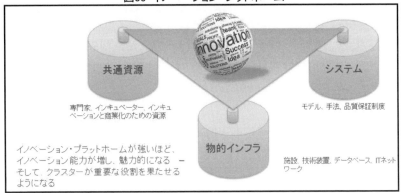

共通資源 — 専門家、インキュベーター、インキュベーションと商業化のための資源

システム — モデル、手法、品質保証制度

物的インフラ — 施設、技術装置、データベース、ITネットワーク

イノベーション・プラットホームが強いほど、イノベーション能力が増し、魅力的になる — そして、クラスターが重要な役割を果たせるようになる

　イノベーション・プラットフォームに関しては、さまざまな方法があります（図33）。これは唯一の方法しかないというものではなく、一つのストーリーを伝えてくれるものです。クラスターはダイナミックで強力なイノベーション・プラットフォームを発展させなければなりません。企業のイノベーションのための共通の場所として、十分なリソースを持たなければなりません。そうでなければ、成功しません。ですから、研究者へのアクセス、強力でダイナミックなインキュベーター構造、財政支援があるということが重要です。同時に、ほとんどのクラスターで製品やソリューションをテストしたりデモンストレーションしたりする場所が必要になります。投資は、単一の企業では投資が難しいので、大抵私たちがクラスターレベルで行います。同じくらい重要なこととして、どう仕事をするか、確実に十分な速さでプロトタイプを作るにはどうすればいいか、最高の基準に沿う形で、ある市場で製品を実証するイノベーション方法論にどう取り組めばいいのかという問題があります。これも単一の企業で行うのは厳しいので、私たちがそのための能力を築きます。これらの三つの要素間のダイナミクスが鍵になります。

　私たちは、クラスター間でベストプラクティス・イニシアチブに取り組んでいます（図34）。私たちがクラスターにこうしろああしろというのではなく、クラスターにインスピレーションを与え、学習させています。カリフォルニアの場合、私たちはスタンフォード大学のdスクールと提携しています。クラスターにdスクールの方法を実践しろと言っているわ

グローバルなイノベーション勝者を目指して（ノルウェー）

図34 クラスター発展戦略

- クラスター内の協力
- クラスター間の協力
- コンソーシアムにおける協力
- 全国的役割

クラスターは、ノルウェーの産業の一段の発展に向けて、全国的な責任を担う立場にある

けではありません。何か適切なものがあれば、パートナーシップがありますから、リソースを得ることができるということです。こういうことを今しています。また、クラスターはスタンフォード大学の d スクールと密接に連携しています。こんなふうに一緒に取り組んで、企業にイノベーション力をもたらしています。

まとめると、クラスターは時間をかけて成長します。今やっていることは、ほんの3～4年前にはできないことでした。クラスターが、それができる位置になかったからです。しかし、どんどん発展して、どんどん成熟してきています。クラスターが成熟すると、国レベルで役割を担うことができるようになりますが、ここにもいろいろな目標があります。この後お話しすることは、ノルウェーのクラスターの中にはコアエリアで非常に優れたコアコンピタンスを持っているものがあるということです。こういうクラスターは、手を挙げて「ノルウェーの他の分野のために、私たちに何ができますか？」と聞いてくれます。それから、私たちは一緒にプログラムを行って、それがふさわしければ、ニーズがあれば、イニシアチブを開始します。こうして分野にまたがる効果を得ることができるのです。

具体的な例をご紹介すると、オスロにがんクラスターがあります（図35）。がん免疫とパーソナライズド医療の分野で世界をリードする環境の一つです。非常に素晴らしいのですが、ビッグデータが入っていません。ビッグデータはこの知識を生かす重要な成功要因の一つです。このプロジェクトの一部として、現在カリフォルニアのローレンス・リバモア国立研究所と提携しているのですが、この研究所は人 DNA の構造化データを理解する

図35 オスロ・がんクラスター;新しいがん診断薬の開発

- ノルウェーの"金鉱"の活用
- ノルウェーにおいて、がんに関する最高の知識蓄積を有し、リアルタイムでの分析に必要な、世界の先進的なビッグ・データ環境とのリンクを持っている
- ワークショップ
- これらをさらに推進する必要

のに世界で最も優れた環境の一つで、これとオスロがんクラスターのがん免疫に関する知識に基づいて、私たちはノルウェーとアメリカのパートナーシップを築き、次世代のがん治療とがん診断の開発を行っています。ここでも、私たちは私たちが持つ最高のものを土台にしつつ、世界のトップレベルの環境と協力して取り組みを行っています。

　もう一つの例は、ノルウェー企業の再編の推進力です（図36）。私たちは革新、再編しないといけないので、これはとても現実的な課題です。前のスライドでご覧いただいたとおり、ノルウェーのビジネス全体からすると、石油ビジネスが大幅に縮小していくからです。

図36 再編の推進力

"再編の推進力"

- 目的;
  - ノルウェー産業の有効的再編
- 投資によって;
  - 選ばれた技術とコンピータンス分野を一段と発展させる(発展のアリーナ)
  - 様々な産業環境に、コンピータンスを拡散させる(多様化のアリーナ)
  - 特に重要な分野において並行的に進められる、幾つかのプロジェクトで構成される
  - 最低5年間は継続、パイロット段階、拡大段階および加速段階から成る
  - 選ばれたクラスターによって運営される

そのため、私たちは今、例えば生産性といった根本的な問題に取り組んでいます（図37）。NCE ローフォスというクラスターがありますが、これは生産性や自動生産の面で、ノルウェーにある恐らく最高の環境です。このクラスターは今、ノルウェーを代表して生産面で知識を移転する役割を担っていて、学習、材料技術、ロボット支援生産の知識を教えています。コンピタンス、技術、ネットワークを共有しています。

図37 3つのパイロット・プロジェクトが進展している

- 3つのパイロット・プロジェクト
  - 生産性上昇 - NCEコングスベルグ・エンジリアリング・システム
  - イノベーションのテンポ加速 – NCE Raufoss
  - デジタル化 - NCE Smart Energy Market

- 時間割;
  - パイロット段階; 計画(2015年9月 – 2016年8月)
  - 拡大段階; 小規模 – 創生的分野(2016年9月–2017年6月)
  - 加速段階; 4-6の選ばれた創生的分野/産業における大規模活動(2017年-2020年)

コングスベルグクラスターは、システム統合、システムエンジニアリングをイノベーションに生かすのにとても優れているのですが、ここでも同じです。コアコンピタンスを持っている世界のトップ企業の多くがここに進出しています。これをコングスバーグだけの秘密にする代わりに、これからはノルウェーの資産にして、コングスベルグの経験に基づいてシステムのイノベーションをしていこうという目標を立てています。

デジタル化とビッグデータでも同じです。ノルウェーの南東に、ノルウェーで最高の環境があります。デジタル化とビッグデータはほとんどの企業にとって課題になっています。この新しいメガ技術をどうやって取り入れ、活用すればいいのかという問題です。このクラスターは、今後ノルウェーの他の地域に対して推進力の役割を担っています。これは、ノルウェーの他の地域には焦点を当てていないという意味ではありません。他の地域の推進力となる役割を果たすものを選ぶということです。

私たちは今こういうことをしています。既に始まっています。これはジェネリックな分野とも呼ばれる分野ですが、一部の応用分野ではもっと再

編の推進力になるものへの取り組みも始めています。例えばノルウェーは、漁業、海運、石油・ガスで強い立場を築いています。この知識を新しいアプリケーション、例えば海底採鉱に移転するにはどうすればいいのか、フィヨルドのシーファームを海でも展開できるか、こういうことをするには、何が必要かということに取り組んでいます。これには全く新しい技術ソリューション、新しい分野横断型のソリューションが必要です。例えば、パイプラインの分野でも別のイニシアチブの例があります。また、地域レベルだけでなく全国レベルでも、地域からリソースを動員してやっています。

　列車が1編成出ましたが、私たちはもっと多くの列車を駅から出していきたいと思っています（図38）。

　国の動員を生かしている会社の例をご紹介します（図39）。プラストは、ノルウェー西部のオンダルスネスにある従業員150人の小さな企業です。4年前までは、プラスチック製のおもちゃを作っていました。この会社には、プラスチック製品づくり

図38 再編成;まだまだ列車は続く

のコアコンピタンスがありました。売り上げは芳しくなく、利鞘が減っていました。この会社はノルウェー東部にあるローフォスクラスターと連絡を取りました。4年経って、この会社は全く新しい会社になりました。今では海運セクター、シーファームセクター、自動車セクター向けの製品を

図39 PLASTO;生産を地元回帰させる

- ※ オンダルスネスに立地する製造業企業で、主に石油およびガス、魚の養殖と水産分野へのプラスチック部品の供給を行う
- ※ 2015年;売上高の30%が中国から回帰
- ※ 成功の背後には2つの重要な要因がある
  ▸ 知識と研究に立脚したイノベーションに基づく製品を供給できた
  ▸ 現代的で自動化された製造

－当社は、ある中国の生産者を打ち破った。当社は、価格および魚の養殖効率の面で勝った。当社の生産の四分の一はアジアに輸出している。
Stenerud in trade magazine Teknisk Ukeblad in 2014.

販売していて、さまざまな材料とプラスチックの複合材料を扱っています。この会社はノルウェーで最も自動化された生産ラインの一つを持っています。これは、クラスターから企業にコンピタンス、技術、ネットワークを移転することで実現しました。この会社はお金を稼げるようになり、製品の80％がここ２年間でイノベーションされました。製品の30％が中国で生産されていましたが、ノルウェーの方がもっと効率良く安価に生産できるので、今はノルウェーで生産しています。

まとめると、既に申し上げたとおり、ノルウェー企業のほとんどは、少なくとも企業グループのレベルでは外資に所有されていますが、これまでの話はノルウェーの企業が海外で生産を始め、ノルウェーでの投資をやめてしまったら、役に立ちません（図40）。私たちは常に次のように自問しています。テキサスのヒューストンに本社を置く FMC という掘削機器に特化した大手石油・ガス関連企業があるのですが、ノルウェーからかなり遠いのに、なぜこの会社がノルウェーを重視するのかということです。全体的には、ノルウェーに来ることでこの会社が競争上のメリットを得られるからです。私たちは今これに取り組んでいます。ここ何年も、FMC が活用できる試験センターの構築に取り組んでいて、コングスベルグにシステム統合知識を整備し、世界トップクラスのエンジニアリングシステムコンピタンスを構築しています。FMC が活用できる方法でこういったことを FMC に移転するにはどうすればいいのか、例えばより新しい企業イニシアチブでは、イノベーションの面でどのようにイノベーションを進めればいいのか、取り組んでいます。私たちがかなり多額の投資を行っている

図40 なぜノルウェーなのか？

- Kongsberg Automotive
- 従業員11,000人
- 20か国における事業展開
- BMWやVolvoといった顧客
- Rollag, HvittingfossおよびRaufossに工場
- 本部はKongsbergか？

図41 なぜノルウェーなのか？

- FMC
- ヒューストンの本部
- 海底に関するグローバルなエクスパティーズ・センターはKongsbergに？

図42 なぜノルウェーなのか？

- ロールス ロイス
- Ålesundに世界的な海運訓練センター？

　プロジェクトの一つに、イノベーションのスピードを早めるというものがあります。これを使って、FMCはノルウェー事業のイノベーションのスピードを40％早めることができ、同社の世界中のオフィスのモデルになっています。こういったことを私たちができれば、グローバルな競争における私たちのもう一つのメッセージを強化することができます。それは企業の中の競争です。毎週、企業の中でその地位を守っていかなければなりません。ですから、このようなプログラムがとても重要なのです（図41）。

　これはロールスロイスも同じです（図42）。ノルウェーの西部に進出しています。なぜロールスロイスがノルウェーの西部に投資するのでしょうか。ロールスロイスなら世界中のどこにでも投資できるでしょう。ノルウェーには、ロールスロイスが活用できる海運コンピタンスセンターがあるからです。これはコンピタンスセンターだけではなく、シミュレーション

グローバルなイノベーション勝者を目指して（ノルウェー）

センターでもあります。ノルウェー西部のオーレスンに世界中からスタッフを派遣して、研修を受け、シミュレーションを受けることができるのです。これはオペレーション目的、イノベーション目的、双方の目的で行われます。この点において、私たちは企業の中の専門家を育てる役割を担っていて、これはとても重要なことです（図43）。

図43

以上、協力が新しい競争力であるということを見てきました。これがこのプレゼンテーションのまとめです（図44）。

図44

これはノルウェーの首相が言ったことです。私の上司もそう言いました。ますます多くの企業幹部がそのような認識になっています。私たちはこのビジョンを取り入れ、こういう言葉を具体的な作業に変えています。そういう例を見てきましたが、これも一人ではできません。協力というのは、ノルウェー国内だけの協力ではありません。世界中のトップレベルの環境との協力です。

図45 ノルウェー産業は挑戦に直面している—ノルウェーの可能性

社会イノベーションと地域の発展

ユストス・ヴェッセラー
Justus Wesseler

　私はオランダのヴァーヘニンゲン大学で農業、経済、農村政策の教授をしています。私のプレゼンテーションでは、いわゆる「社会イノベーション」と関連する問題についてお話ししたいと思います。既にノルウェーの視点から提起された問題の幾つかを拾って、主に農村部と関わりがある企業の新しいイノベーションについて見ていこうと思います。イノベーションに関する問題について、農村部の視点から、またヨーロッパの視点からもお話しします。それから EU が実施している政策についてご紹介します。特に2007年から2013年までの期間についてお話ししたいと思います。

1．ヴァーヘニンゲン大学の紹介

　詳しいお話を始める前に、私が働いているヴァーヘニンゲン大学について簡単にご紹介させてください。この大学はオランダにあります。オランダについてご存じの方ならお分かりいただけると思いますが、ユトレヒトから約50kmのところにあります。この大学は社会環境、自然環境、特に農業と食品生産に関するテーマに焦点を当てています。比較的新しい大学で、19世紀後半に設立され、1980年代後半に総合大学になりました。これまで、私たちは農業と食品科学の分野で世界1位を維持していて、とても誇りに思っています。また、教育面では、学生が選ぶオランダ1位の大学に8年連続で選ばれています。

　私は、農業、経済、農村政策のシェアグループのリーダーを務めています。このシェアグループで何をしているのかというと、農村部を含む農業セクターに関する政策の影響を研究し、これらの政策が農業・食品セクターおよび農村部の発展にどのような影響を及ぼしているかを研究しています。私たちは現状がどのようなものか、現状をどのように変えることができるか、どうすれば状況を改善できるかということに関心を持っています。特に、地方レベル、全国レベル、さらに地域レベルでさまざまな政策が果

図1
- 社会的イノベーションとは何か?
- なぜ、問題なのか?
- どのように測ることができるか?
- EUの戦略はどのようなものなのか?
- これまでのところの結論は?

たす貢献に関心を持っています。ここでいう地域レベルというのは、EUレベルということです。

先ほど申し上げたとおり、私からは社会イノベーションについてお話ししようと思います（図1）。今日のプレゼンテーションの文脈における社会イノベーションとは何か、なぜ関連性があるのか、まず定義したいと思います。それから、幾つかの問題について、社会イノベーションをどのように測定できるのかを考えます。これは、政策の意味合いについて評価する、すなわち成功しているかどうか評価できるようにするということです。それから、EUの具体的な戦略についてお話しして、今私たちの手元にある情報に基づいてどんな結論を導き出すことができるのか、考えてみたいと思います。また、何らかの方法で、ここ日本の状況との関連や、日本経済と関連性のある問題についても触れたいと思います。

2．社会イノベーションとは何か

社会イノベーションの定義を見てみましょう（図2）。これは欧州政策アドバイザー局（Bureau of European Policy Advisors）による定義です。この組織は、産業界、科学界、社会部門などの外部のアドバイザーで構成されるグループです。この組織は社会イノベーションについて、差し迫った社会の要請に対する新しい回答であると見なしており、人の幸福度を向上するという目的（このことを強調しておきたいのですが）を持って、社会の対話プロセスに影響を与えるものだと考えています。

図2　社会イノベーションの定義

社会的イノベーションの定義：

切迫した社会的要請への新しい対応であり、ひとびとの幸福度の向上を目的として社会の相互作用に影響を与えるものである

BEPA (Bureau of European Policy Advisors) (2011): Empowering People, Driving Change. Social Innovation in the European Union.

この定義を実際に運用すると、「新しい考え方（製品、サービスおよびモデル）で、（他の代替的な方法よりも効率的に）社会的な要請に応えると同時に、新しい社会的関係や協力を作り出す（図3）。

言い換えると、社会にとって有益であるだけでなく、社会の行動能力を高めるイノベーションを目指す」ということです。

さらに、このコンテキストにおいてイノベーションが意味することは、確実に価値を形成する新規のアイデアを創造し適用する能力ということです（図4）。今のノルウェーのお話にも、その素晴らしい例が示されていました。社会的というのは、イノベーションが生成すると期待される価値の種類と関係します。ここで私が興味深いと思うのは、利益だけでなく、生活の質や連帯、幸福度などとより密接に関わっているということです。単なる利益以上のものなのです。伝統的には、イノベーションというのはよりたくさん生産するために、技術的なフロンティアをシフトさせることでした。しかし、GDPは生活の質を十分に反映できません。社会イノベーションやその関連性をしっかり理解するには、もっと一般的な嬉しさとか幸福度といった概念が必要になります。

現在の論争では、社会の問題に対処するために、イノベーティブな解決策や組織と相互作用の新しい形式を編み出すことが社会イノベーションだとされています（図5）。これは既に多くの分野で見られてきました。

図3 社会イノベーションの運用上の定義

（他の代替的な方法よりも効率的に）社会的な要請に応えるのと同時に、新しい社会的関係ないしは協力を創出するような新しい考え方（製品、サービスおよびモデル）。換言すれば、社会にとって単に有益であるばかりでなく、社会の行動能力を高めるようなイノベーションを指す。

BEPA (Bureau of European Policy Advisors) (2011): Empowering People, Driving Change. Social Innovation in the European Union.

図4 社会イノベーション

'イノベーション'とは、確実に価値を形成する新規のアイデアを創造し適用する能力を指す。

'社会的'とは、イノベーションが生成することを期待する価値の種類に係わる：利益などよりも、生活の質、連帯と幸福度などの観点により深くかかわる価値である。

伝統的には、イノベーションはより多くの生産をもたらすように技術的なフロンティアをシフトさせることを意味する。しかし、国内総生産は生活の質、さらにはより一般的な表現としての、嬉しさや幸福度といったものを十分に反映しない。

BEPA (Bureau of European Policy Advisors) (2011): Empowering People, Driving Change. Social Innovation in the European Union.

図5 社会イノベーション

現在、一般的および学術的な論争で用いられているように、この概念は、社会的な問題の克服に向けて、イノベーティブな解決策や組織と相互作用の新しい形式を編み出すことを指す

BEPA (Bureau of European Policy Advisors) (2011): Empowering People, Driving Change. Social Innovation in the European Union.

3．なぜ関連性があるのか

さて、なぜこれが農村部と関連するのでしょうか（図6）。社会イノベーションは経済成長の機会を作り出すことができます。これはみんなにとって馴染みのある、そして関心のあることだと思います。社会イノベーションは幸福度を高めることができます。幸福度というのは、例えばヨーロッパの視点からすると、自殺という重要な問題があります。

図6 田園地域にとっての意味
- 経済成長のための機会を創りだす
- 幸福度を高める：自殺やうつ症を減らし、活動を増やす
- 社会的人口流出を減らす
- 社会サービス（学校、医療サービス）を確保する

相対的に言って、農村部では都市部より自殺率が高くなっています。また、一部の農村部では、うつ病の人が増加しています。農村部に住む人々がもっと経済活動をできるようにすることで、この問題に対処したいと考えています。

ヨーロッパの多くの地域で社会イノベーションが関連性を持つもう一つの側面は、人口移動の問題です。農村部は多くが人口の流出に苦しんでいます。人口が流出すれば、例えば社会サービスの確保の面で、新しい課題が生まれます。どうすれば全ての子どもが通える学校を農村部に維持することができるでしょうか。子どもたちは学校が遠くなって通学時間が長くなるかもしれません。医療サービスなど他の社会サービスでも問題が生まれます。農村部の人口が減る中、十分な医療サービスの提供を保証するにはどうすればいいのでしょうか。医者が車で移動する、あるいはモバイルの医療サービスなど、どのような解決策があるでしょうか。農村部では、人口流出に伴うこういった課題全てに取り組まなければなりません。

図7 何を期待できるか？
- 社会イノベーションが機会を創出し、幸福度を高めることができれば、われわれは、長期的には、以下を観測するはずである
  - 人口移動の変化
  - 新しい雇用機会の創造（失業の減少）
  - GDPの成長（総額、人口一人あたり）
- GDPの成長には若干の注記が必要である：
  - 嬉しさや幸福度の高まりは活動に結び付くはずである：企業活動、個人消費の増加

では、社会イノベーションが成功したら、私たちは何を期待できるのでしょうか（図7）。社会イノベーションは、機会を創出し、幸福度を高めます。それが実現すれば、少なくとも長期的には人口移動が変化する

でしょう。人口流出は減って、もしかしたら逆転さえして、農村部の人口が増えるかもしれません。これが成功すれば、新しい雇用の機会が生まれると期待できます。これは、失業が減少するということです。長期的には、総額でも、一人当たりでも、GDPの成長も見られるようになるでしょう。

さて、GDPには少し注意が必要です。最終的には、嬉しさや幸福度を向上させたいと思い、その結果人々の暮らしがもっと良くなり、あるいは個人的に自分の暮らしは良くなったと思い、社会イノベーションがうまくいって経済活動が増えれば、こういった活動が長期的には経済的に観測可能なものに変換されていきます。例えば、農村部で企業が増えれば、消費やその他の経済活動が増えて、経済成長につながります。

4．どうすれば社会イノベーションを測定できるか

これを包括的に測定するときに、現在の住民だけでなく、世代を超えた幸福度を測るためには、現在の世代と将来の世代の幸せの割引フローを見ます。これは2012年にアローらによって開発されたモデルで、世代間の幸福度を表しています（図8）。幸福度割引率を使って、全体の値（左側のV（t））がプラスなら、私たちは私たちの幸福度を向上させている、時間とともに幸福度が増していると言うことができます。この点において、持続可能性とは、時間が経っても幸福度が低下しないことを意味します。ですから、私たちが目指す持続可能な開発というのは、時間が経っても幸福

図8 真の投資（Arrow et al., 2012）

- 世代を超えた幸福度＝現在および将来の世代の幸福度の割引現在価値

$$V(t) = \int_t^\infty \left[U\left(\underline{C}(s)\right) e^{-\delta(s-t)} \right] ds, \quad \delta \geq 0$$

- $U(\underline{C}(s))$：s時点における経済全体の幸福度
- δ：幸福度の割引率e
- s, t：時点 $(s \geq t)$
- 仮定：閉鎖経済、無限の時間空間、時間的に変動する要因は外生的
- 持続可能性＝幸福度が全時間において低下しないこと

度が低下しない状況ということになります。

これをもっと形式化して、実践して、幸福度の変化として真の投資を行うことができます（図9）。幸福度の変化に関連する効果を考えるときには、私たちが持つ全ての資本財について検討しなければいけませんが、それを市場価格で考えてはいけません。資本財はシャドープライスで重み付けします。つまり、資本財を使用する機会費用全てに、例えば環境の変化に関する問題など、さまざまな問題を取り入れます。そうして、幸福度がプラスであれば、真の投資が見られれば、時間とともに幸福度が向上することになります。

図9 真の投資（Arrow et al., 2012）

- 真の投資 = 幸福度の変化 = 経済の有する資本財をシャドー・プライスでウェイト付けしたもの
- 真の投資が正であれば幸福度は増加し、負であれば世代を超えた幸福度は減少する
- $\Delta V(t) = r(t)\Delta t + \sum p_i(t) Q_i(t) > 0$
  - $r(t)\ (= \partial V/\partial t)$: 時点tにおけるシャドー・プライス
  - $p_i(t)(= \partial V(t)/\partial K_i(t))$: t時点におけるi番目の資本財のシャドー・プライス
  - $Q_i(t)(= \Delta K_i(t)/\Delta t)$: 経済が有する資本財$K(s)$の変化分

これは経済的な観点から測定することができます。これは、真の投資について考えることで、私たちが適切な開発の道をたどっているのかどうか、経験的に評価できるモデルです。社会イノベーションがポジティブな真の投資を生み出せば、全体の幸福度も増加します。こういった考えが背景にあります。

図10 どのような社会的イノベーションがうまくいきそうなのか？

- これには、測定の問題も伴う
  - 機会と、
  - 機会の変化を
  - どう測定するのか？
- 機会の測定：実物選択アプローチ

それでも、測定に関してはまだ多くの問題があります（図10）。どうやって機会を測定するか、特に機会の変化をどう測定するかという問題があります。経済的な観点からは、優れた方法論のサポートがあります。これは、「実物選択」アプローチを使って機会を測定するというものです。これは、金融の

世界で金融オプションを測定するために開発されたものなのですが、同じ方法論を用いて、標準的な投資を測定することができます。このモデルを使って、私たちは機会を特定することができます。

このスライドは、その方法を説明したものです（図11）。縦軸には、投資、オプションの価値、正味現在価値が示されています。横軸は投資の機会を示しています。これが私たち

図11 機会の価値

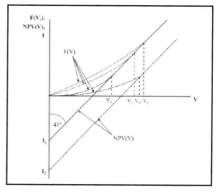

の投資費用で、この投資が通常生み出す利益が増加すれば、このポイントのところでこの投資をすると利益が得られるようになり、投資費用よりも利益の方が大きくなります。

投資をめぐる不確実性があり、いますぐ投資する必要がない場合、つまり、いつ投資するか柔軟に対応できる場合、この投資はオプションを生み出します。こういうオプションが、ここの線で示されています。オプション価値理論では、プロジェクトの価値が投資費用と一致するような投資は最善ではないとされています。投資に最善のタイミングのオプション価値に一致しないといけません。経済的な観点からすると、投資を行うには、不確実性や可逆性がない場合に比べてより高い価値がなければなりません。

これはどういうことかというと、機会を生み出す政策があるのに、農村部の住民の問題などに対処するイノベーションがただちに実施されなくても、そのような政策を導入する価値がないということにはならないということです。このことは、オプション機能によって示されています。この場合、投資が行われるのを目にすることはありませんが、オプションの価値はゼロではありません。このことは考えておく必要があります。投資は、トリガー価値に達して初めて実施されます。

イノベーション政策とその価値について見てみると、私たちは既にさまざまな経済活動を生み出した政策を差別化することができますが、機会だけを生み出した政策も加える必要があります。オプション価値理論の言葉では、これは「時間価値」と呼ばれます。社会イノベーションやその他の

イノベーションを完全に評価するには、投資が行われた場合の本質的価値と呼ばれるものに時間価値を加えて考え、イノベーション政策の評価にバイアスが生まれるのを防がなければなりません。

GDP だけを見ると、これは時間価値を無視しているので、機会が過小評価されます（図12）。ですから、オプション価値を考慮する必要があります。それから、機会の変化について考えるなら、GDP の変化を考慮してはなりません。オプション価値の変化を見なければならないのです。

では、こうすることの意味は何でしょうか（図13）。一つは、社会イノベーションは直接観察可能な成果をただちにもたらすとは限らないということです。時間的な遅れがあります。また、ただちに成果を観察できない社会イノベーションであっても、その価値は必ずしもゼロではないということです。時間価値を考慮する必要があります。そうでないと、社会イノベーションの便益を過小評価することになります。

図12 機会の価値
- GDP は機会を過小評価する
  - 時間の価値を無視
- オプション価値とオプション価値の変化を考慮に入れる必要がある
- 機会の価値は、固有の価値（例えばGDP）と時間的価値に分けられる
- 固有価値がゼロであっても、時間的価値は正となりうる

図13 機会の価値
- 含意:
  - 社会的イノベーションは、直ちに直接観察可能なアウトカム（固有価値）をもたらすとは限らない
  - その場合、社会的イノベーションの価値はゼロではない
  - 時間的価値を考慮する必要がある
  - 時間的価値を無視すると、社会的イノベーションの便益を過小評価することになる

5．EUの戦略とは何か

EU の農村地域発展政策について、ヨーロッパにおける経済活動と関連付けてお話しすると、EU の農村地域発展政策には、経済、環境、地域という三つの明確に定義された目標があります（図14）。これには、農業・林業の競争力強化、環境と田園地域の改善、農村部にお

図14 EU RDPの目的
経済, 環境 および地域に関する3つの明確に定義された目的がある:
- (1) 農業および林業の競争力を向上させる;
- (2) 田園地域の環境を改善する; そして
- (3) 田園地域の生活の質を改善し、経済活動の多様化を促進する

ける生活の質の改善と経済活動の多様化の促進があります。

これは EU の総合的な農業政策の一部です（図15）。総合政策は、二つの柱で構成されています。第1の柱は農業部門への所得支援としての市場施策、第2の柱は農村地域開発政策です。これらの政策には重なり合う部分があります。市場施策と所得支援は、食品製造や環境的機能、農村地域の機能と関連があります。また、第2の柱も、食品製造などに影響を与えるので、この二つの柱の政策はそれぞれに重なり合っています。

図15 EU共通農業政策

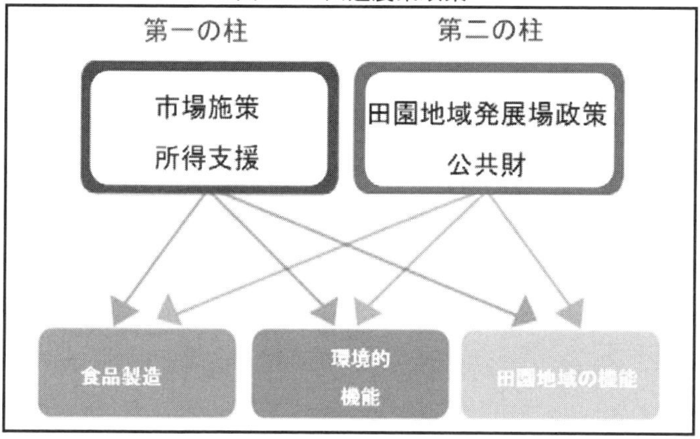

図16

農村地域発展政策について、特に2007〜2013年の期間、EU の共通農業政策の改革、それから農村地域発展政策に焦点を絞って見てみると、この政策は三つの軸に沿って構成されています（図16）。第１の軸は、競争力強化の施策です。第２の軸は環境と土地管理です。第３の軸は経済的多様性と生活の質です。それから全体にまたがる軸、リーダー軸があるのですが、これについて少しお話ししたいと思います。

このグラフは、それぞれの軸の下で行われたさまざまな施策とその費用を示したものです（図17）。いろいろな施策があります。例えば、農業環境政策の支出は、2007年から2013年までの農村部発展施策の総支出の約23%を占めています。この時期に約200億ユーロになりました。それから他にもいろいろな施策がありますが、例えば早期退職を支援する施策は全体の3%を占めていて、約50億ユーロが費やされました。

図17 第1、2および3軸に基づく施策

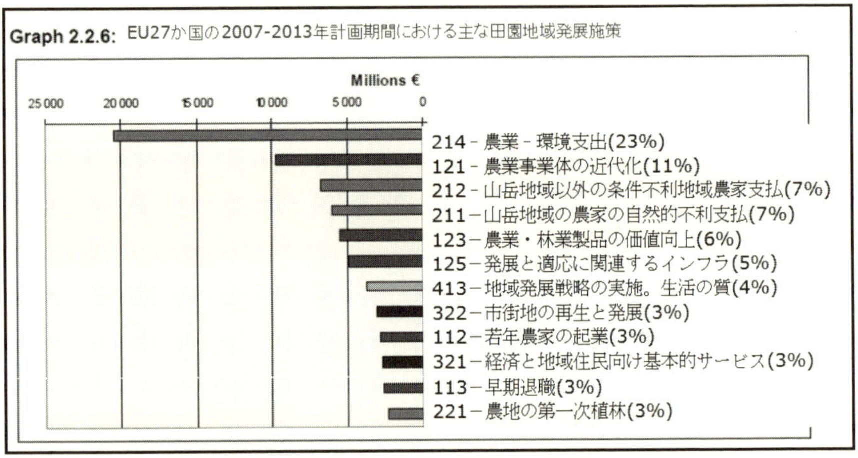
Graph 2.2.6: EU27か国の2007-2013年計画期間における主な田園地域発展施策
Millions €
25 000
20 000
15 000
10 000
5 000
0
214－農業－環境支出(23%)
121－農業事業体の近代化(11%)
212－山岳地域以外の条件不利地域農家支払(7%)
211－山岳地域の農家の自然的不利支払(7%)
123－農業・林業製品の価値向上(6%)
125－発展と適応に関連するインフラ(5%)
413－地域発展戦略の実施。生活の質(4%)
322－市街地の再生と発展(3%)
112－若年農家の起業(3%)
321－経済と地域住民向け基本的サービス(3%)
113－早期退職(3%)
221－農地の第一次植林(3%)

次に、三つの軸を見てみると、第１の軸には総額で約20億ユーロ、環境面では約80億ユーロが費やされました（図18）。農村部の多様化を目指す第３の軸には約2億7100万ユーロが費やされています。第４の軸は、全体にまたがるもので、後ほどもう少しご説明しますが、ここには2700万ユーロ費やされました。農村地域発展スキームに投入された資金の配分を見てみると、その大半が環境面に費やされていることが分かります。これは、例えば、農家が農業における農薬や肥料の使用を削減して農業の耕作を変

図18 第1、2、3および4軸のもとでのEUの投資と技術支援

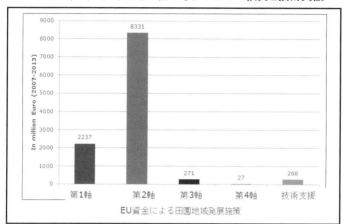

化させると、その埋め合わせにお金をもらうことができるというスキームに資金が投入されているということです。それからもう一つ簡単に付け加えておくと、技術支援施策というのは、この期間に EU に加盟した加盟国に対する支援施策です。

図19 各軸の割合（各軸ともLEADERを含む）

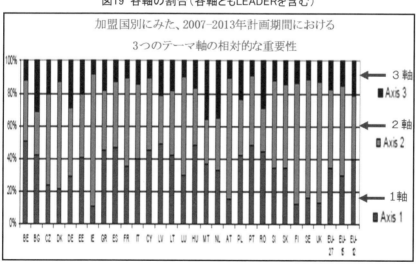

これは今お話しした三つのテーマ軸の重要性を加盟国別に示したものです（図19）。加盟国の間で、かなり異なる状況になっているのがお分かりいただけると思います。例えば、ベルギーを見てみましょう。50％以上が第1軸の支援に費やされています。環境支援は約40％です。最後に約10％が第3の軸に費やされています。しかし、例えば北欧諸国の一つ、フィンランドを見てみると、支援の約80％が環境の軸に費やされています。それから、ルーマニアは最近 EU に加盟した国ですが、ここでは相対的にかなりの額が農村部の社会イノベーションに費やされています。また、私の出身のオランダでは、支出の3分の1が農村部の社会イノベーションの支援に費やされています。

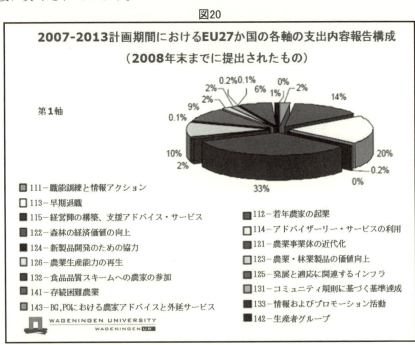

図20

　このスライドは、第1の軸がどのように配分されているかを示しています（図20）。例えば、33％（赤い部分）が農業事業体の近代化に使われています。約20％（黄色の部分）は農業生産能力の再生に使われています。これには、例えば農家が家畜用の畜舎を改装する場合に、資金援助を受ける

ことができる施策などがあります。そして、14%は田園地域の農業事業体の減少を食い止めるために若い農家を育成したり、農家を田園地域に残すため農村部で新しく農業を始めた農家を支援したりするスキームです。

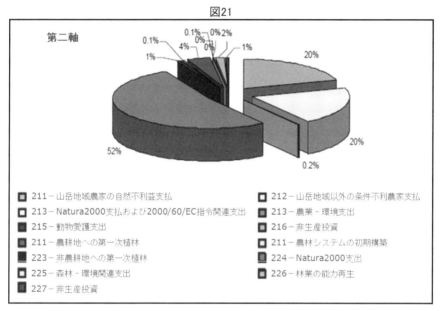

図21

 第2の軸を見てみると、既に申し上げたとおり、大半が環境サービスに直接支払われています（図21）。この農業環境支出は現在、全体の52%を占めています。そして、20%が山岳地域以外で事業を行う農家への支払いに充てられています。さらに20%が、山岳地域、例えばアルプスや南フランス、北スペインのピレネーなどの山岳地域に住む農家に支払われています。これらの地域も、このスキームを通じて相当な支援を受けています。
 第3の軸は、社会イノベーションの問題に対処しています（図22）。このうち一番多いのは経済および農村地域住民向けの基礎的サービスで、30%です。例えば医療サービス、学校、図書館などの支援です。そして、19%が農村地域の遺産の保全と改善に充てられています。例えば遊歩道やハイキングコースといったものに関連する、その他の経済活動の維持に使われます。

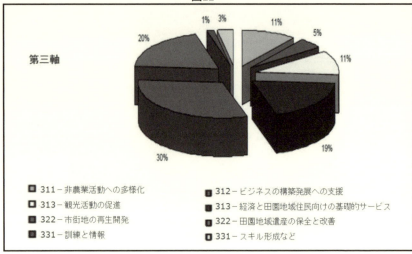

図22

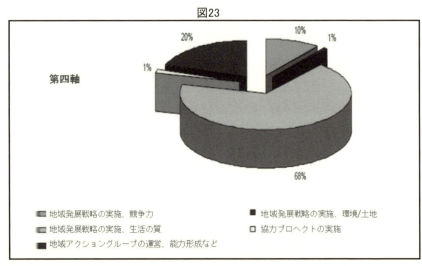

図23

　第4の軸は、リーダー・プログラムです(図23)。このうち68%が生活の質の面での地域発展戦略の実施に充てられています。これが一番大きな割合を占めています。それから、20%が地域発展戦略の実施に充てられていて、その他は、農村部における社会イノベーションの創出に関連する活

動に費やされています。
　その成果がどんな状況か、少し見てみましょう（図24）。この地図は、農業以外の営利活動を行っている農家の割合を示しています。これは、農業収入と直接関係のない活動という意味です。最も濃い色のエリアは、収入の50％以上が農業とは関係のない活動によって得られていることを意味します。最も薄い色のエリアは、非農業活動で得られる収入が全体の20％以下であることを示しています。こうして見てみると、例えば西ヨーロッパと東ヨーロッパでは、収入のかなりの部分が非農業活動で得られていることが分かります。農家が行っている農業と関係のない活動が、非常に重要な役割を果たしています。他方、南ヨーロッパのポルトガルやスペイン、フランス、イタリアを見ると、農業が依然として収入の大半を占めていることが分かります。これは農村部の成長にも既に影響を及ぼしています。簡単にもう少し見てみましょう。
　こちらは、非農業部門の雇用の割合を示したものです（図25）。雇用全体に対するパーセンテージで示されています。EUにおいて、他の部門と比べていかに農業部門が重要であるかが分かります。ここでも同じく、例えば濃い赤は、雇用の97％以上が非農業部門であることを示しています。黄色は非農業部門が75％以下のエリアです。EU内では地域が異なると、農業部門の重要性が異なることが分かります。
　私が興味深いと思うのは、スウェーデン北部では、収入の97％以上が非農業関連であることです。これは面白いと思います。北のこのような地域で、農業以外に何ができるのだろうと思っていました。ところが、先ほどのノルウェーのプレゼンテーションを聞いて、こういう地域でも、農業以外にもできることがたくさんあるのだと分かりました。例えば、スウェーデンも採鉱がとても重要な役割を果たしています。これは収入源になっていて、多くの人がこの分野で雇用されています。
　しかしながら、農業が依然として重要な収入源である地域もあります。ルーマニア、ブルガリア、ギリシャ、それから東ヨーロッパのポーランドです。ポルトガルにもとても薄い色の部分があります。こういう地域では農業収入がとても重要な役割を果たしていますが、その他の地域では、収入を生み出すという点において非農業部門の収入源がもっと重要になっています。

図24

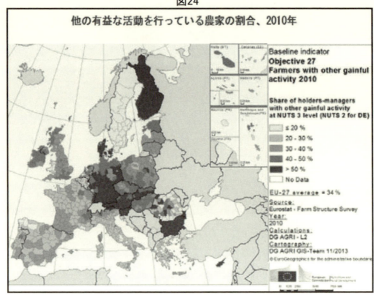

図25

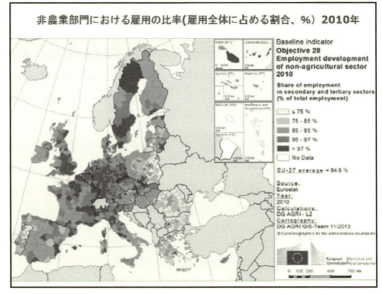

先ほども少し触れたリーダー・プログラムは、「農村地域の経済と発展のための行動の結合（links between the rural economy and development actions)」の頭文字を取ったものです（図26）。このリーダープログラムの下で、地元の関係者が地域の内発的な潜在成長力を活用して地域を発展させることを可能にする地域発展手法がサポートされています。これは、地元の人々や地元のグループなどが EU の支援を申請して、農村部にポジティブな影響をもたらす活動を実施するための、完全にボトムアップのアプローチでした。

図26 EUのリーダー・プログラム
- LEADER ("Liaison Entre Actions de Développement de l'Économie Rurale"は、「田園地域の経済と発展のための行動の結合」を意味する)
- 地元アクターが、地域の内生的な潜在成長力を用いて地域を発展させることを可能とする地域発展手法
- LEADER アプローチは、田園地域発展政策（Rural Development Policy）2007-2013 の4つの軸の一つ

これは、これらの期間の加盟国別のリーダー事業の重要度と構成を示したものです（図27）。ここで分かることは、リーダー・プログラムの活動の相対的な配分がそれぞれの軸と関連しているか、水平的なものであるかということです。例えば、オランダを見てみると、水平的活動の割合が多くなっています。これは、第1軸とか第2軸に関連した活動より、直接農業に関連する活動との距離がはるかに遠いということです。

また、加盟国ごとに何をしてきたか、大きな違いがあることも分かりま

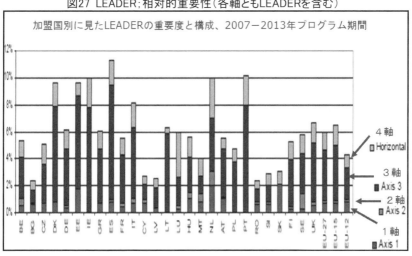

図27 LEADER;相対的重要性（各軸ともLEADERを含む）

す。例えばポルトガルでは、大半が第3軸と水平活動に費やされていますが、他の国、例えばギリシャでは、第1軸の部分がもっと多くなっています。従って、それぞれの EU 加盟国がしてきたことは不均質であることが分かります。これは私たち経済学者にとって素晴らしいことです。こういう幅広い不均質性があれば、それぞれ比較して、何がうまくいったか、農村地域の幸福度を創出する上で何がより有望で成功しているのか、あるいは分野横断的な問題とは何か、さらには、農業とは関係のない社会イノベーションに関連する問題とは何かというようなことを見ていくことができるからです。

図28 EUのリーダー・プログラム

- 地域アクショングループ＜LAG: Local Action Groups (LAGs)＞がLEADERアプローチ実施の中心となる
- これらの機関の責任範囲に含まれるのは
    - 地域における戦略の構築
    - ステークホルダーのネットワーク構築支援
    - 個々のLEADERプロジェクトの評価と承認

そのためには、地域アクショングループと呼ばれるものを見ていくことができます（図28）。この地域アクショングループというのは、ステークホルダーのネットワークの支援を受けて地域戦略を策定し、リーダー・プログラムの主力となってきました。

これは、各加盟国にある地域アクショングループの数です（図29）。例えば、トップはポーランドです。ポーランドには340以上の地域アクショ

図29 LEADERのもとでの投資

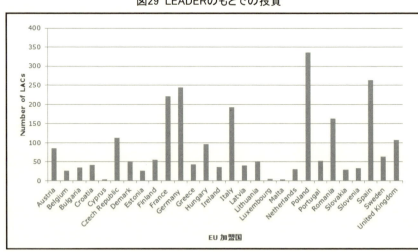

ングループが設置されています。一方、ルクセンブルグやマルタには、ほんの少ししかありません。これは国の大きさからも説明できます。ルクセンブルグとマルタはポーランドよりはるかに小さいので、国の規模も考慮に入れなければなりません。それでも、各加盟国で導入された地域アクショングループの数にも、加盟国によって大きな差があると言えます。

　これは、何が達成されたかを示したものです（図30）。これらの地域アクショングループに参加した地元の人々の割合を示しています。ここでは、トップはオランダです。オランダにはとても素晴らしい、興味深い戦略がありました。オランダの行政単位を通じて地域アクショングループを組織したのです。全ての行政単位に地域アクショングループを導入しました。それから、オランダでは誰でも参加できるようになっていたので、全国を100％カバーできました。これは、農村部に住んでいた人が全員地域アクショングループに参加したということではありませんが、みんながこういうあらゆる活動の恩恵を受けることができました。

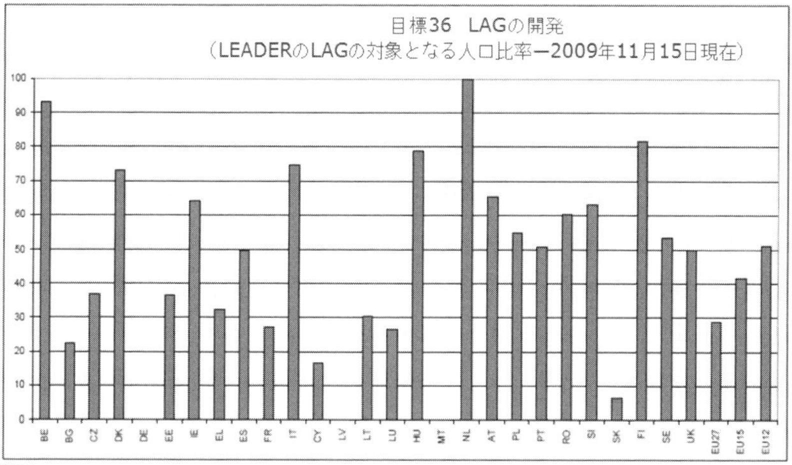

　それから、ベルギーでは人口の約94％をカバーしました。キプロスでは、総人口の16％がカバーされています。EU27カ国を見てみると、地域アク

図30　何が達成されたか？

ショングループに関わった農村地域の住民は30%近くになります。EU27カ国と EU15カ国の間には差があります。EU15カ国は EU の初期の加盟国で、主に西ヨーロッパ諸国ですが、新しく加盟した加盟国よりもカバー率が高いことが分かります。古い加盟国の方が、これらの活動により積極的に参加していました。

6．これまでに導き出された結論

何が達成されたかを見るために、幾つかの指標で最初の単純回帰分析を行いましたが、これまでのところ、ネガティブなものであれポジティブなものであれ、意義深い効果は明らかになっていません（図31）。まだ最初の試みで、完全なデータセットが手に入っていないからだと私たちは説明しています。2013年、2014年、2015年の観測はまだで、適切な評価をするには依然としてデータが必要とされています。データの問題は依然として課題になっています。私たちがまだ何も分からないのは、そのことが原因でもあります。

図31 何が達成されたか？

- 効果の評価を試みた最初の試み：
  - 幾つかの指標を用いた回帰分析では、効果が明らでない
  - データ問題はなお存在する
  - 時間価値は考慮されていない
  - 標本選択バイアスは考慮されていない

また、現時点では時間価値の評価を試みていません。これに関係するもっと詳しいデータも必要です。この単純分析では、「標本選択バイアス」も考慮されていません。そうすればこれらの地域アクショングループに参加した地域と参加しなかった地域がもっと比較しやすくなるでしょう。しかし、例えばオランダは全国をカバーしているので、適切な比較をするのが難しいという重大な問題もあります。

実を言うとインターネットでお見せしたいものがあったのですが、無理なようです。何かというと、地域アクショングループについてもっと詳しく知ることができるウェブサイトがあります。それぞれの国で何が実施されたのか、情報を得ることができます。このデータセットには、2,843の地域アクショングループが含まれています。それぞれの地域アクショングループについて、具体的に何をしたのか、幾らお金を使ったのか、私たち

経済学者にとって重要なものは何か、それぞれのエリアでどんな活動が導入されたのか、知ることができます。

これで、私のプレゼンテーションの結論にしたいと思います（図32）。簡

図32 結論

- 真のオプションには社会的イノベーションが含まれる
- 時間的価値を考慮する必要がある
- 社会的イノベーションは、EUの田園地域発展プロジェクトの重要な要素である
- 横断的活動としてのLEADER
- 田園地域人口の約28%をカバーしている
- 費用面では、環境関連のスキームが最も比率が高い
- 固有価値についての最初の評価によれば、効果はみられなかった
- さらなる調査が必要

単にまとめてお話ししますので、後ほどインターネットでご覧いただければと思います。結論としては、社会イノベーションの適切な評価をするには、真のオプションに関連する方法を参照すればよいということです。これによって、はっきりと時間価値を評価し、私たちの評価にバイアスが生まれるのを回避することができるようになります。さらに、EUの政策を見てみると、社会イノベーションがその重要な要素になっていることが分かります。リーダーの活動は、特に社会イノベーションの問題に取り組む分野横断的な活動です。これまでのところ、農村地域の住民の約28%がこの活動に関わりました。財政面では、どんな配分が行われてきたかというと、環境スキームが最も関連性の高いものになっています。資金のほとんどがこれに費やされました。本質的な価値のみを対象にした最初の評価では、効果は見られませんでした。しかし、私たちはさらに調査をする必要があり、もっとデータを利用できれば、調査ができるようになると期待しています。

スペインにおける地域発展とイノベーション
―カスティーリャ・イ・レオンのケース

ホワン・ホセ・フステ・カリヨン
Juan J. Juste Carrion

はじめに

「スペインにおける地域発展とイノベーション：カスティーリャ・イ・レオンのケース」というタイトルで、私の出身国、そして私の出身地域の状況についてお話したいと思います。その様子は、これからご覧いただきますが、日本の現実とは非常に異なったものになっています。

私のプレゼンテーションは2部で構成されています。まず、スペイン経済の全体的な状況についてお話し、イノベーティブな現象を可能にする環境づくり、地域レベルでの研究開発とイノベーションの状況についてお話したいと思います。次に、カスティーリャ・イ・レオン地域についてお話し、その全体の概観と、地域イノベーション・システムに関連したもう少し具体的なお話をしたいと思います（図1）。

図1

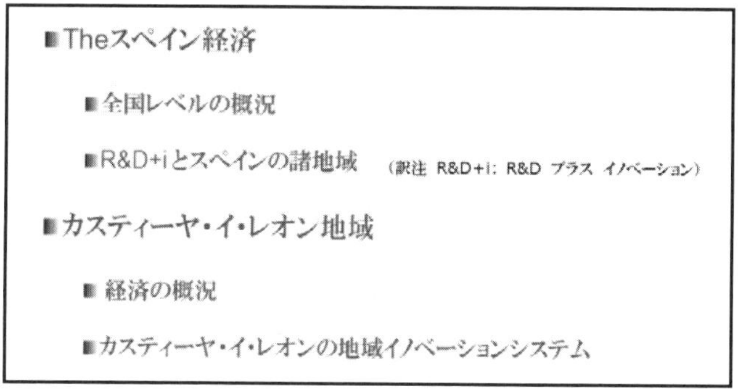

- ■Theスペイン経済
  - ■全国レベルの概況
  - ■R&D+iとスペインの諸地域　（訳注 R&D+i: R&D プラス イノベーション）
- ■カスティーヤ・イ・レオン地域
  - ■経済の概況
  - ■カスティーヤ・イ・レオンの地域イノベーションシステム

1．スペインの現状

ご存知のとおり、スペインは立憲君主制の国で、国の仕組みは非常に地方分権が進んでいます。17の自治州があり、そのうち二つは島で、バレア

レス諸島とカナリア諸島です。北アフリカにはセウタとメリリャの二つの自治都市があります。地域の中には、ここカタロニアやガリシア、アンダルシアのように非常に大きな力があり、自治の度合いが高い地域もあります。バスクとナバラの二つには完全な財政の自治権もあります。

スライドでご覧いただけるとおり、スペインと日本には幾つかの点で類似点が見られます（図2）。例えば平均寿命の長さ、出生率の低さ、教育水準の高さ、などです。一人当たり GDP はスペインの方が低いですが、両国の一番の違いは国土の面積と人口です。スペインの方が広いのに人口がはるかに少なく、人口密度が大きく異なっています。

図2

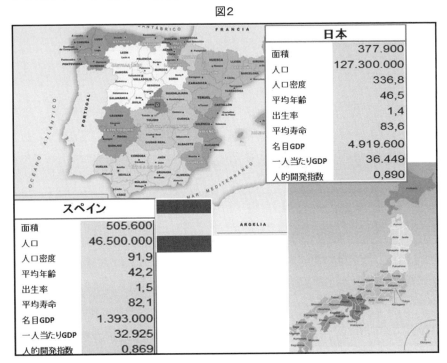

マクロ経済の状況に関しては、こちらの表（図3）に主な指標の変化がまとめられていて、景気変動における2種類の非常に異なるパフォーマンスが反映されています。2001年から2007年までの期間は GDP と一人当たり GDP が大きく成長した時期で、失業率も低く、健全な財政状態でした。

図3 スペインの主要マクロ経済指標　2000～2014年

		2000	2007	2012	2014
■ GDPおよび一人当たりGDPの後退（給与カット） ■ 企業の廃業と紛失業 ■ 公的部門の赤字と債務の増加 ■ インフレリスク ■ 経常収支の改善	GDP年平均成長率	5,3	3,6	-1,6	1,3
	一人当たりGDP	15.600	23.500	22.300	22.300
	同年平均成長率	7,6	4,9	0,0	0,0
	EU-28一人当たりGDP	92,4*	105	96	95,3
	インフレ率	4,0	4,2	2,9	-1,1%
	企業数	2.595.392	3.336.657	3.199.167	3.119.310
	失業率	13,6	8,6	25,8	23,7
	同女性	20,4	10,8	26,2	25,0
	同若年	25,5	18,8	48,6	52,5
	経常収支赤字	-4,0	-10,0	-1,1	2,6
	財政赤字/GDP	-0,9	2,0	-10,6	-5,6
	政府債務/GDP	59,3	36,1	85,9	99,5
	国債金利	5,02	4,53	4,33	1,51

ただ、インフレ率が高く、経常収支赤字はGDPの10％に達していました。赤字で表示されています。

2008年以降は経済危機が発生してその様子がすっかり変わってしまい、GDPと一人当たりGDPが下落しました。企業の倒産が相次ぎ、失業率が非常に悪化して2013年には27％に達しました。特に若年層の失業率が高くなり、給料が減って、財政赤字は2011年にGDPの11％になり、累積政府債務はGDPの100％近くにまで膨れ上がりました。

スペインは幸運にも、金融市場の圧力を回避し、救済措置の発動を免れることができました。銀行だけが救済措置を受けました。実施された幾つかの措置が効果を発揮し始め、失業率がゆっくりと改善し、デフレのリスクが見られる中、対外バランスが大幅に改善されています。

2000年から2008年にかけて、スペインはヨーロッパのパートナーを心配する側でした。しかし、スペインは2009年の落ち込みが他の国より少なかったのですが、マイナス成長になった期間が長く、それを克服するのに他の国よりはるかに苦しみました。2015年の見通しで大幅に改善され、2％を超える成長が期待されています。最後の部分で、スペインが少し良くなっているのがお分かりいただけると思います（図4）。

図4 最近のスペインのGDPの推移——EU28か国およびユーロゾーンとの比較

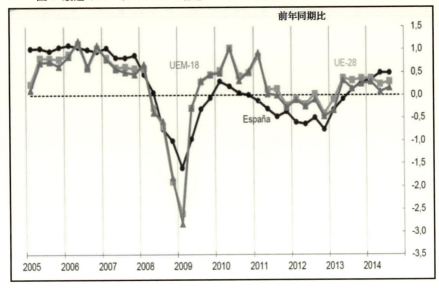

　スペインにおいて危機を集中させた最も深刻な要素は、この赤い線で示されている建設業のブームでした（図5・6）。このセクターは2007年まで大きく成長し、経済の30％近くを占めるほどになりました。ところが、2008年に住宅バブルが崩壊し、銀行セクター、そして経済全体の低迷を引き起こしました。
　この危機が最も劇的な形で現れたのが失業率です。60％が長期の失業で、50％以上も跳ね上がりました。
　これは、全ての地域に同じく起こったのではありませんでした。北部と南部で差があります。バスク、ナバラ、バレアレス諸島のように失業率が低い地域もあれば、反対に失業率が非常に高い地域もあります。カナリア諸島とか、特にアンダルシア州です。アンダルシア州の幾つかの県は、失業率が40％を超えています。他に高い失業率を抱えている地域は、エストレマドゥーラ、カスティーリャ・ラ・マンチャ、ムルシアです。私の地域、カスティーリャ・イ・レオンは中間に位置しています。現在の最新のデータでは20％くらいになっています（図7）。

図5 スペインにおける産業別雇用者数の推移

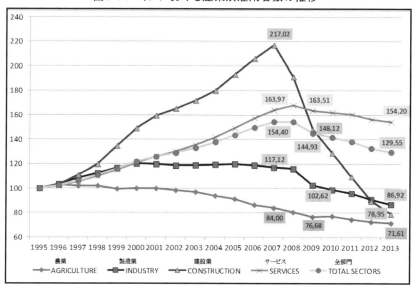

図6 スペインにおける分野別雇用シェアの推移

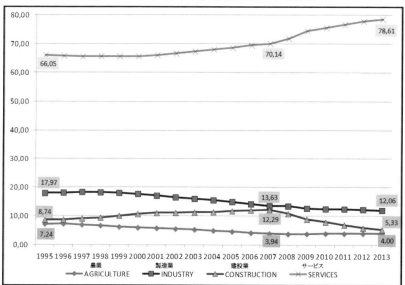

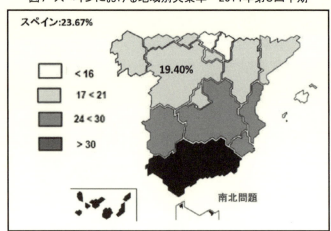

図7 スペインにおける地域別失業率 2014年第3四半期

2．スペインの競争力の評価

　グローバルなコンテキストでこの状況を解決するには、私たちは輸出しなければなりません。スペインは輸出が改善していますが、競争力レベルはスペインの最も強力な貿易相手国や、ほとんどの先進国のものより依然としてはるかに低くなっています。世界経済フォーラムによれば、グローバル競争力指数は4.5で、35位です。これでは不十分です。ほとんどの先進国の基準と一致するレベルにするには、国際的な舞台で生産性を改善しなければなりません。それには、イノベーションで大きな努力をすることが必要です。市場を席巻している新興国経済がますます洗練された製品を生産するようになってきており、こういった国々の製品と価格で競い合うことがますます難しくなっているので、イノベーションによって質で勝負できるようにしなければなりません（図8）。

　この点で、このスライド（図9）はスペインのグローバル競争力指数と、日本と先進国の平均を比較したものですが、制度の機能、官僚制度、腐敗（今、腐敗はひどい状況にあります）、財の効率性、労働・金融市場、ビジネスの高度化、イノベーションの分野で大きく劣っていることが分かります。

　実際、スペインと EU の最も人口の多い国々、世界の最先進国、そし

図8 世界の競争力地図 2014〜2015年

図9 世界競争力指数2014—スペインと日本の姿

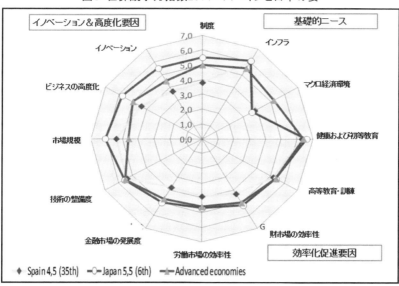

て中国を比較してみると、研究、開発、イノベーションへの投資が実数でもGDP比でもはるかに低いことが分かります。GDPに対する比率はスペインでは1.3で、EU28か国の平均2%や日本の3.3%よりはるかに低く、一人当たりのGDPはそんなに変わらないのに、一人当たりの研究開発平均支出額もはるかに低くなっています（図10）。

図10 諸国と中国における主な科学・技術指標 2012年

図11 スペインにおけるR&D支出の推移（2000年=100）

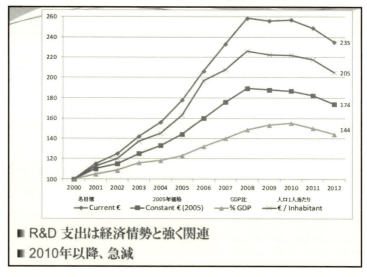

スペインにおける地域発展とイノベーション（スペイン）

図12 スペインにおける科学とイノベーション

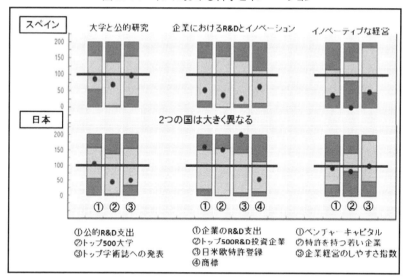

図13 スペインにおける科学とイノベーション

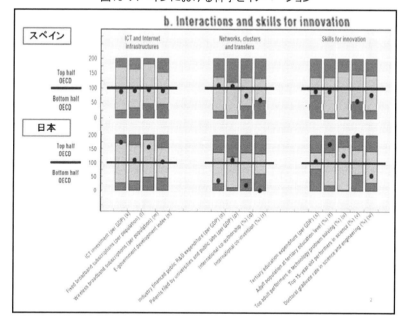

スペインにおける研究開発費は、経済状況と同様に、2008年まで上昇していました。その後、絶対レベルも相対レベルも大幅に低下し、転換が大きく妨げられています（図11）。
　こういった研究開発の不足は、スペインと日本、OECD の状況を比較したスライドに示された指標を見ても明らかです。全体的に、スペインは起業、研究開発、イノベーションのスキルとしてのイノベーティブな起業、大学や公的研究機関との関係において数字が悪くなっています（図12）。
　ICT、インターネットインフラ、ネットワーク、クラスター、移転において改善が必要です。このような状況は OECD によって指摘されています（図13）。
　科学・技術・産業の見通しに関する2014年の報告書で、OECD はイノベーションにおけるスペインの課題として、全体として人的資源の改善、スキルと能力の構築、公的な研究開発能力およびインフラの強化、企業におけるイノベーションの推進とアントレプレナーシップおよび中小企業の支援、社会的な問題への対処に貢献するイノベーション、科学・技術・イノベーションのグローバル化の問題への対応、国際協力の強化などを挙げています（図14）。

図14 スペインにおけるイノベーションの優先事項

- 全体的な人的資源、スキルおよび能力形成の改善。
- 公的なR&D能力とインフラの改善。
- 企業におけるイノベーションの促進と、アントレプレナーシップおよび中小企業の支援。
- 社会的な問題への取り組みに貢献するイノベーション
- STIのグローバル化に伴う問題への取り組みと国際的協力の強化。
（訳注 STI: Science(科学)+Technology(技術)+Innovation(イノベーション)）

　グローバル競争力指数は、ヨーロッパでは地域競争力指数というものに翻案されていて、2013年にスペインの各地域の状況が示されました。ここでも、北部と南部の差が明らかになっています。マドリッドは中央にありますが、ナバラ、バスク、カタロニアが最も競争力のある地域になっています。ただし、ここで最高値を記録しているユトレヒトには及びません（図15）。

スペインにおける地域発展とイノベーション（スペイン）

図15

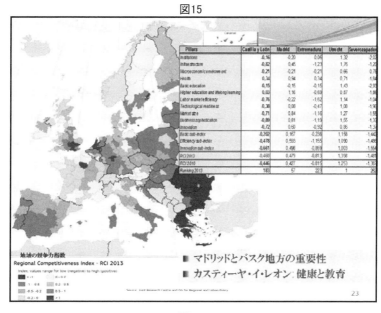

図16

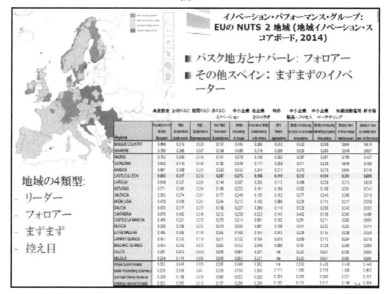

逆に競争力が低いのはエストレマドゥーラ、セウタ、メリリャ、アンダルシア、カスティーリャ・ラ・マンチャです。カスティーリャ・イ・レオンは近年中間に位置しています（図16）。この情報は、欧州委員会が提供する、いわゆる地域イノベーションスコアボードとだいたい一致しています。地域イノベーションスコアボードでは、欧州レベルでこのパネルに示されたさまざまな指標、こういう指標全てを基に、能力やイノベーションのダイナミズムに基づいて地域を4種類に分類しています。
　この4種類の地域は、イノベーション・リーダー、イノベーション・フォロワー、中程度イノベーター、小規模イノベーターの四つです。スペインの場合、リーダーの地域はありません。イノベーション・フォロワーの地域が二つあり、バスク州とナバラです。中程度イノベーターの地域がバレアレス諸島にあり、残りは小規模イノベーターとなっています。

3．カスティーリャ・イ・レオンの状況

　カスティーリャ・イ・レオンは、注目に値する進歩を遂げています。スペインが EU に加盟して以来、この地域は常に周辺地域、農業地域、後進地域として、EU 共同体地域政策の提案を受けられる状態にありました。2006年まで、オブジェクティブ・ワンの対象となる後進地域だったのです。こちらの期間、最初の時期には、後進地域が赤い色で示されています。2007年から2013年までの期間は、移行地域のグループの仲間入りを果たし、EU の平均所得の90％を超えるようになりました（図17）。
　現在の予算期間、2014年から2020年の間では、カスティーリャ・イ・レオンはより発展した地域のグループに入っていますが、最も繁栄した地域のグループからは大きく後れを取っています。これが来年の予測です（図18）。
　一人当たり GDP の観点から地域ランキングを見てみると、研究開発の動向と所得レベルには重要な相関関係があることが分かります。バスク州、マドリッド、ナバラ、カタロニアが最も豊かで、所得の少ない地域、スペインの平均よりはるかに少ないエストレマドゥーラ、メリリャ、アンダルシアとの差が広がっています（図19）。
　マドリッドを除いて、これらの地域は国内で最も工業化した地域ではあ

スペインにおける地域発展とイノベーション（スペイン）

図17

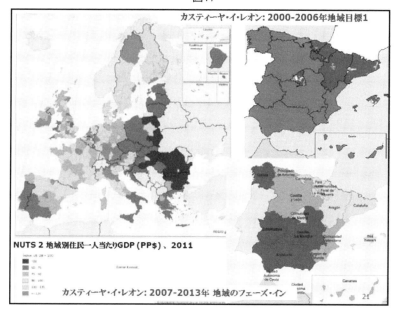

図18

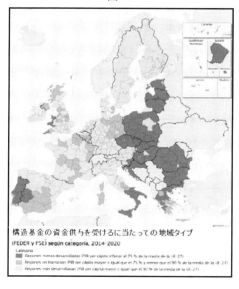

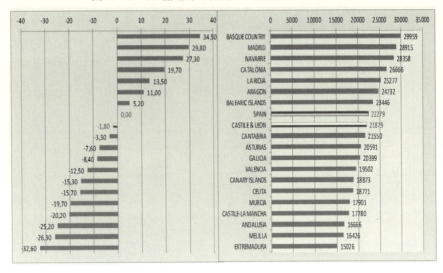

図19 スペイン諸地方の住民一人当たりGDP 2013年

図20 スペイン諸地方における産業雇用者数―ランキングの推移

	1995	1995	2000	2000	2007	2007	2012	2012
	% reg. industry /nat. Industry	% reg. industry /reg. economy	% reg. industry /nat. Industry	% reg. industry /reg. economy	% reg. industry /nat. Industry	% reg. industry /reg. economy	% reg. industry /nat. Industry	% reg. industry /reg. economy
CATALONIA	24,55	25,52	25,61	25,31	22,40	17,57	21,91	15,45
VALENCIA	12,97	23,76	13,61	23,45	12,45	17,04	11,46	15,68
ANDALUSIA	9,08	11,70	8,80	11,54	10,03	9,60	9,87	8,89
BASQUE COUNTRY	8,50	27,45	8,14	26,99	8,95	22,26	9,60	19,69
MADRID	11,65	15,08	11,29	13,43	10,00	8,82	9,36	7,68
GALICIA	5,77	14,78	5,99	18,52	6,73	16,49	6,66	14,75
CASTILE AND LEON	5,83	16,69	5,37	17,25	5,77	15,62	6,22	14,84
CASTILE-LA MANCHA	4,05	18,67	3,91	18,05	4,72	17,14	4,61	15,65
ARAGON	3,79	20,96	3,89	22,30	4,15	18,46	4,45	16,74
MURCIA	2,50	17,84	2,72	18,37	3,10	14,57	3,21	13,85
NAVARRE	2,43	29,52	2,53	26,96	2,90	23,60	3,13	24,16
ASTURIAS	2,78	20,18	2,34	18,70	2,42	15,65	2,62	15,23
CANARY ISLANDS	1,51	7,26	1,42	6,75	1,56	5,86	1,62	5,87
CANTABRIA	1,31	18,60	1,23	17,44	1,39	15,87	1,58	15,50
EXTREMADURA	1,03	8,68	1,00	8,57	1,27	9,75	1,34	9,78
LA RIOJA	1,18	29,49	1,13	26,81	1,14	22,68	1,31	22,13
BALEARIC ISLANDS	1,06	10,22	1,02	8,11	1,01	6,70	1,06	6,47
SPAIN	100,00	18,40	100,00	18,15	100,00	14,01	100,00	12,76

りません。マドリッドは地域内、地域間双方のレベルで急速な工業化を経験しました。カスティーリャ・イ・レオンは国内の工業部門の雇用のうち、控えめな6.2％を占めていますが、地域経済における工業の割合はスペイ

ン平均より高く、カスティーリャ・イ・レオンでは15%です。スペインの平均は13%です（図20）。

全国レベルでの研究開発に対するカスティーリャ・イ・レオンの割合は4.6%です。これは全国的に見たこの地域の産業の重要性からすると低い数字です（図21）。

図21 スペイン各地方におけるR&D支出とR&D関連雇用者数　2011～2012年

Regions	2011 R&D Expenditure Thousand €	% GDP	R&D Employment Number	%	R&D Exp. per employee	2012 R&D Expenditure Thousand €	% GDP	R&D Employment Number	%	R&D Exp. per employee
BASQUE COUNTRY	1.397.208	2,10	17.971	8,36	77,75	1.431.108	2,25	18.591	8,90	76,98
NAVARRE	383.854	2,05	5.221	2,43	73,53	346.690	1,95	4.822	2,31	71,90
MADRID	3.762.811	1,99	51.109	23,76	73,62	3.433.677	1,85	48.773	23,36	70,40
CATALONIA	3.103.712	1,55	44.456	20,67	69,82	2.991.010	1,55	44.462	21,29	67,27
CASTILE & LEON	**574.357**	**1,00**	**9.734**	**4,53**	**59,01**	**617.467**	**1,12**	**9.547**	**4,57**	**64,68**
ANDALUSIA	1.648.471	1,13	25.434	11,83	64,81	1.480.460	1,07	24.647	11,80	60,07
VALENCIA	1.044.364	1,01	19.965	9,28	52,31	1.008.041	1,03	18.889	9,05	53,37
CANTABRIA	141.816	1,02	2.105	0,98	67,38	126.166	1,01	2.019	0,97	62,50
ARAGON	322.113	0,94	6.534	3,04	49,30	312.795	0,96	6.133	2,94	51,00
ASTURIAS	218.119	0,94	3.679	1,71	59,29	195.892	0,89	3.426	1,64	57,18
GALICIA	526.471	0,91	10.146	4,72	51,89	487.840	0,88	9.509	4,55	51,30
LA RIOJA	81.817	1,00	1.423	0,66	57,51	69.297	0,88	1.469	0,70	47,16
MURCIA	234.082	0,83	5.670	2,64	41,29	227.759	0,85	5.459	2,61	41,72
EXTREMADURA	143.837	0,82	2.234	1,04	64,38	128.435	0,78	2.126	1,02	60,40
CASTILE-LA MANCHA	259.383	0,68	3.454	1,61	75,10	230.547	0,64	3.170	1,52	72,73
CANARY ISLANDS	242.968	0,58	3.896	1,81	62,36	211.495	0,53	3.779	1,81	55,97
BALEARIC ISLANDS	95.818	0,35	2.007	0,93	47,73	89.921	0,35	1.956	0,94	45,98
CEUTA & MELILLA	3.092	0,11	43	0,02	72,07	3.008	0,11	54	0,03	55,50
SPAIN	14.184.293	1,33	215.078	100,00	65,95	13.391.608	1,30	208.831	100,00	64,13

マドリッドとカタロニアは両方合わせて国の総研究開発支出の48%を占めています。この地域における一人当たりの研究開発費は低いですが、民間の研究開発費は全国平均より明らかに高く、このグラフから分かるように、バスク州とナバラは両方ともトップになっています（図22）。

カスティーリャ・イ・レオンには九つの県があります。これはこの地方の地図で、九つの県が示されています（図23）。ここはスペインで最大の州です。ご覧のとおり、面積はポルトガルより少し大きいです。スペインの国土の20%近くを占めていますが、人口は250万人と少ないので、人口密度は低いです。一番大きな都市はバリャドリッドで、ここの中心部にあ

図22

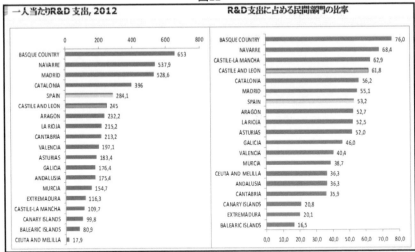

図23

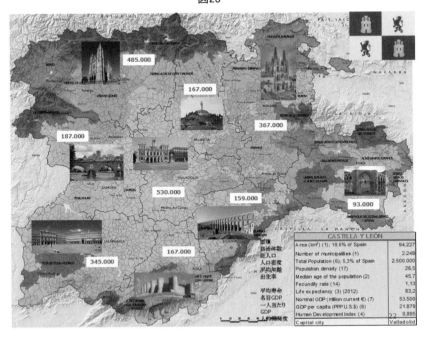

ります。この地域の首都で、人口は32万人です。

これは各県の人口です。白地の背景の部分です。この地域は中央のマドリッドとイベリア半島の北部、そしてポルトガル、フランスをつなぐ場所にあるため、戦略的に重要な場所に位置しています。地図を見ると、より重要な輸送インフラはポルトガルからバスク、フランスへとつながっているのが分かります。この地域には、最も重要な工業地帯があります。この地域の工業化は、大部分がこの軸に沿って位置しています。

こちらに示されているとおり、この地域は非常に高齢化が進んでいます。人口の平均年齢は45.7歳です。寿命が延びていることと、非常に出生率が低いことが原因です。カスティーリャ・イ・レオンは寿命がスペインで3番目に長いのですが、出生率はとても低くて、わずか1.13%です。一人当たりの所得はスペイン平均より低いですが、人材開発のレベルは健康と教育分野の指標が高いため、平均より高くなっています。

4．カスティーリャ・イ・レオンのSWOT分析

カスティーリャ・イ・レオンの経済の特徴は、69％がサービス業だということです。雇用の69％がサービス業にありますが、スペイン全体よりは低いです。この地域全体では、農業と工業の相対的な重要性が大きくなっています。工業はセクター別に見ても、地域的な観点から見ても、同じ場所に集中しています（図24）。スライド（図25）でご覧のとおり、雇用、売上、企業数の観点から見てみると、四つの主なセクターがあります。一つ目は農業食品セクターです。食品産業はどの指標を見ても断トツで最も重要な産業です。それから自動車産業（輸送機器）があり、基礎金属と金属製品の製造、そして採石、エネルギー、水があります。

この地域の人件費は、こちらに示されているとおり、全国平均よりやや低いです。企業の規模も非常に小さいです。

地理的な観点から見ると、（こちらでご覧いただけるとおり）バリャドリッドとブルゴスの二つの県に集中していて、その重要性が高くなっています（図26）。それからレオン県が続いていますが、レオンの相対的な重要性は採鉱セクターの衰退の結果低下しました。しかし、これらの県は一人当たりの所得が最も高く、地域の技術的なシステムの枠組みがより整っ

図24 カスティーヤ・イ・レオンにおける雇用（2000～2012）
および粗付加価値形成の分野別構成（2013）

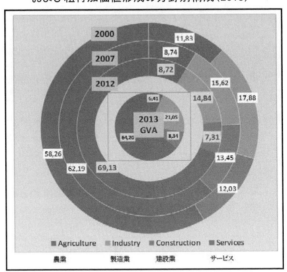

Industrial branches	Establishments (1)		Employment (2)		Turnover (3)		Labour Costs (4)		(2)/(1)	(3)/(2)	(4)/(2)
	Number	%	Number	%	Thousand €	%	Thousand €	%		Thousand €	Thousand €
石材, 石油, エネルギー, 水	1.805	14,09	11.618	9,61	7.120.556	20,03	466.423	11,38	6,44	612,89	40,15
食品, 飲料, たばこ	3.099	24,19	35.476	29,35	9.773.103	27,49	1.088.539	26,55	11,45	275,48	30,68
繊維, 被服および革製品	701	5,47	2.375	1,97	228.253	0,64	54.477	1,33	3,39	96,11	22,94
木材・コルク, 製紙, 出版印刷	1.567	12,23	10.310	8,53	1.336.972	3,76	247.617	6,04	6,58	129,68	24,02
化学工業	144	1,12	3.839	3,18	2.186.568	6,15	184.411	4,50	26,66	569,57	48,04
ゴム・プラスチック製品	165	1,29	8.203	6,79	2.516.789	7,08	390.653	9,53	49,72	306,81	47,62
その他非金属鉱物製品	678	5,29	7.755	6,42	1.015.821	2,86	245.780	6,00	11,44	130,96	31,89
鉄および金属製品	2.395	18,70	14.862	12,30	2.936.172	8,26	489.065	11,93	6,21	197,56	32,91
機械器具	140	1,09	3.571	2,95	739.530	2,08	117.889	2,88	25,51	207,09	33,01
電気, 電子および光学器具	306	2,39	3.110	2,57	1.134.594	3,19	119.013	2,90	10,16	364,82	38,27
輸送機械	154	1,20	13.528	11,19	6.258.372	17,60	580.364	14,16	87,84	462,62	42,90
その他製造業	1.656	12,93	6.206	5,14	305.545	0,86	115.391	2,81	3,75	49,23	18,59
産業計 カスティーヤ・イ・レオン	12.810	100,00	120.853	100,00	35.552.075	100,00	4.099.602	100,00	9,43	294,18	33,92
産業計 スペインとそれに占めるカスティーヤ・イ・レオンの割合	220.935	5,80	1949194	6,20	562.350.692	6,32	70.107.296	5,85	8,82	288,50	35,97

- 高度の分野集中度:
  - 農業食品産業
  - 輸送機械
  - 金属製品
  - 石材, エネルギー, 水
- スペイン平均に比べ, 企業規模は小さく, 労働コストは低目

図26

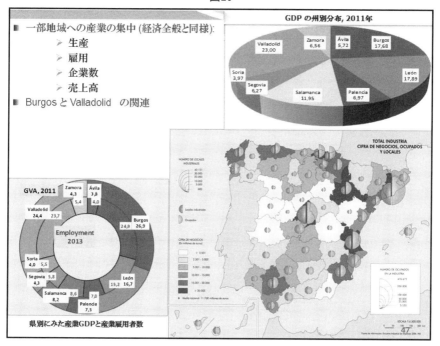

ています。カスティーリャ・イ・レオンの工業化は、マドリッドと並んでスペインの工業開発を支えた軸を作り上げてきましたが、他の地域ほどには進んでいません。

　エブロ渓谷の地域と、地中海沿岸の地域は、マドリッドを含むこの軸においてより重要な地域です。これらの地域、特にこの部分では、内在的な地域発展の経験が多数見られ、一部はイタリアの産業集積とかなり類似しているところもあります。特にここカスティーリャ・イ・レオンのセラミック産業や、アリカンテ県の一部のセクターがそうです。

（1）弱　点

　技術イノベーションに関しては、SWOT 分析を通じて見るとその状況が分かりやすいと思います。最後に、地方政府の新しい戦略の基盤と、2013年から2020年までの期間のその強化策について簡単にご説明したいと思

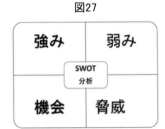

図27

います。

　弱点に関しては次のことを考える必要があります。何かというと、研究開発に対する危機の強い影響です。この点では、経済危機がGDPとの関係におけるスペインの転換プロセスを鈍化させただけでなく、イノベーションとの関係においても転換を鈍化させました。

図28　カスティーヤ・イ・レオンにおけるR&D+iのSWOT分析

強み	弱み	機会	脅威

企業の技術的水準や知識の吸収能力は限られている。企業規模は非常に小さく、経営者層のトレーニングと情報通信技術の採用が急務である。

企業における技術的イノベーション

TECHNOLOGIC INNOVATION IN ENTERPRISES	2003	2004	2005	2006	2007	2008	2009	2010	2011	2012
% Innovative firms ≥ 10 employees										
Castilla y León	14.11	29.76	25.90	23.28	22.48	20.65	21.72	17.86	17.79	13.70
Spain	19.36	29.74	27.00	25.33	23.50	20.54	18.58	16.57	13.22	
R&D+i Expenditure (thousand €)										
Castilla y León	315.824	487.700	514.478	560.922	756.396	798.060	803.274	584.193	508.367	564.357
% R&D expenditure in big firms	56.42	55.33	60.63	51.48	45.94	38.67	30.54	51.58	-	-
% R&D expenditure in SMEs	43.58	44.67	39.37	48.52	54.06	61.33	69.46	48.42	-	-
Spain	11.198.505	12.490.813	13.635.950	16.533.416	18.094.616	19.918.946	17.636.624	16.171.218	14.755.807	13.410.348
% R&D expenditure in big firms	53.74	55.41	59.65	60.06	55.35	56.74	59.88	61.03	62.51	64.02
% R&D expenditure in SMEs	46.26	44.59	40.35	39.94	44.65	43.26	40.12	38.97	37.49	35.98
% CyL /Spain R&D+i business expenditure	2.82	3.90	3.77	3.39	4.18	4.01	4.55	3.61	3.45	4.21
High and medium-high technology sectors										
% Firms in Castilla y León/Total regional firms	1.84	1.88	1.94	1.96	1.95	1.60	1.65	1.39	1.41	1.42
% Firms in Spain/Total national firms	2.87	2.91	2.91	2.91	2.92	2.50	2.60	2.26	2.31	2.33
% Employment in CyL/Regional employment	6.49	6.50	6.32	6.36	7.20	6.10	5.87	5.87	5.60	6.00
% Employment in Spain/National employment	7.42	7.40	7.38	7.34	7.30	6.80	6.37	6.48	6.80	6.80

特許 PATENTS (by million inhabitants)	2003	2004	2005	2006	2007	2008	2009	2010	2011	2012
Castilla y León Requested 申請	32.2	35.4	44.4	50.9	38.0	42.2	41.7	43.0	39.7	49.7
Granted 許可	18.7	15.9	28.5	24.0	28.9	28.5	35.5	27.0	23.2	27.0
Spain Requested 申請	68.6	70.1	74.1	75.8	71.8	78.0	79.4	77.7	74.6	71.4
Granted 許可	39.1	40.2	56.8	46.4	51.3	43.7	53.6	56.6	57.5	56.4

Patents' Provincial Distribution in Castilla y León 2013	AV	BU	LE	PA	SA	SG	SO	VA	ZA	CyL
	4	24	17	2	10	1	2	34	1	95
(%)	4.21	25.26	17.89	2.11	10.53	1.05	2.11	35.79	1.05	100.00

なぜなら、こちらからご覧いただけるとおり、研究開発の支出と雇用が大幅に減少したからです。投資がなくなってしまいました。ここに転換の欠如が見られます（図27・28）。

　これは、90年代末の状況です。スペインとカスティーリャ・イ・レオンの距離は非常に離れています。過去数年間で転換が起こりましたが、この転換が最後の方の年で止まってしまいました。2012年だけ少し改善が見られます（図29）。

スペインにおける地域発展とイノベーション（スペイン）

図29 カスティーヤ・イ・レオンにおけるR&D+iのSWOT分析

こちらでは、雇用が失われたのが分かります（図30）。

もう一つの弱点は、先進的な公共サービス、融資、国際化、イノベーション、ビジネス開発、技術、情報通信の提供や推進に関わる主要分野で予算が不足していることです。2014年地方政府の科学技術予算は、ご覧のとおり、2005年に比べて35.7％、2010年に比べて50％減少しました。今では、総地方予算のたった1.6％しかありません。ここの数字がそうです。さらに、人的資源は一般的に管理運営に特化しています（図31・32）。

企業の技術レベルと知識吸収能力は限定的です。企業の規模は非常に小さく、経営者層の研修や ICT の採用が急務になっています。イノベーティブな企業の数は減少しています。従業員が10人以上の企業では、イノベーティブな企業は全体の13.7％しかありません。イノベーティブな企業の減少はこちらに示されていますが、スペイン全体よりもやや悪くなっています。高度および中程度の技術セクターの企業の割合はスペイン全体よりも低く1.42で、その雇用レベルも6％で全体より低いです。スライドのこちらに示されています。さらに、特許の利用も非常に少なく、2012年に取

図30 カスティーヤ・イ・レオンにおけるR&D+iのSWOT分析

強み	弱み	機会	脅威

> **R & D危機の強い影響:**
> これにより、GDPがスペイン平均に追いつくプロセスに遅れが生じた;
> R&D支出、雇用およびイノベーティブな企業数の減少.

INTERNAL EXPENDITURES IN R&D	2003	2004	2005	2006	2007	2008	2009	2010	2011	2012
CASTILLA Y LEÓN										
Enterprises (thousand €)	193.559	228.128	242.037	286.364	366.035	458.526	333.017	325.785	312.329	381.451
% Enterprises/Total	52,79	53,92	55,44	56,00	59,00	62,00	52,90	53,57	54,00	62,00
Public Administration (thousand €)	32.928	35.508	36.319	42.209	56.368	73.951	74.837	66.651	56.708	53.971
% Public Administration/Total	8,98	8,39	8,32	8,25	9,08	9,99	11,89	10,96	10,00	9,00
High Education (thousand €)	139.881	159.231	157.963	182.235	198.282	207.447	221.146	215.160	204.716	181.731
% Universities/Total	38,15	37,64	36,18	35,64	31,94	28,03	35,13	35,38	36,00	29,00
Technology Centres (TC) (thousand €)	320	214	233	526	32	19	492	606	604	314
% Technology Centres/Total	0,09	0,05	0,05	0,10	0,01	0,00	0,08	0,10	0,00	0,00
% Private sector (Enterprises+TC)/Total	52,87	53,97	55,50	56,11	59,01	62,00	52,98	53,66	54,00	62,00
Total (thousand €)	366.688	423.081	436.552	511.334	620.717	739.943	629.490	608.202	574.357	617.467
Total expenditure in R+D/GDP	0,88	0,93	0,89	0,97	1,10	1,26	1,12	1,06	1,00	1,12
SPAIN										
Enterprises (thousand €)	4.443.438	4.864.930	5.485.033	6.557.529	7.453.902	8.073.521	7.567.596	7.506.443	7.396.369	7.094.280
% Enterprises/Total	54,10	54,38	53,79	55,57	55,87	54,92	51,90	51,45	52,00	53,00
Public Administration (thousand €)	1.261.763	1.427.504	1.738.053	1.956.679	2.348.843	2.672.288	2.926.733	2.930.562	2.762.385	2.556.646
% Public Administration/Total	15,36	15,96	17,04	16,58	17,60	18,17	20,07	20,09	19,00	19,00
High Education (thousand €)	2.491.959	2.641.653	2.959.928	3.265.739	3.518.595	3.932.413	4.058.359	4.123.150	4.002.024	3.715.573
% Universities/Total	30,34	29,53	29,03	27,67	26,37	26,74	27,83	28,26	28,00	28,00
Technology Centres (TC) (thousand €)	15.876	11.674	13.857	21.127	21.033	23.171	28.988	28.300	23.517	25.106
% Technology Centres/Total	0,19	0,13	0,14	0,18	0,16	0,16	0,20	0,19	0,00	0,00
% Private sector (Enterprises+TC)/Total	54,30	54,51	53,93	55,75	56,03	55,08	52,10	51,65	52,31	53,00
Total (thousand €)	8.213.036	8.945.761	10.196.871	11.801.074	13.342.371	14.701.393	14.581.676	14.588.455	14.184.295	13.391.605
Total expenditure in R+D/GDP	1,05	1,07	1,13	1,20	1,27	1,35	1,38	1,39	1,33	1,30

図31 カスティーヤ・イ・レオンにおけるR&D+iのSWOT分析

強み	弱み	機会	脅威

> 高度な公的サービスの提供および促進に関連する主要分野に対する予算が不十分:
> ファイナンス、国際化、イノベーションとビジネス発展、情報通信技術の促進.
> 一般的に、人的資源は管理運営に特化している.

年	Budget in Science and Technology (million €)	% Variation	% of Total Budget
2005	215,6	15,0	2,53
2006	228,4	5,5	2,53
2007	249,9	9,4	2,59
2008	312,4	25,0	3,01
2009	318,0	3,00	1,8
2010	318,2	3,01	0,1
2011	317,1	3,17	-0,4
2012	297,3	3,06	-6,2
2013	255,2	2,69	-14,2
2014	164,2	1,65	-35,7

図32 カスティーヤ・イ・レオンにおけるR&D+iのSWOT分析

強み	弱み	機会	脅威
	高度な公的サービスの提供および促進に関連する主要分野に対する予算が不十分：ファイナンス、国際化、イノベーションとビジネス発展、情報通信技術の促進。一般的に、人的資源は管理運営に特化している。		

AXIS	AXIS AND LINES OF ACTION UNDER THE EUROPEAN REGIONAL DEVELOPMENT FUND (ERDF) 2007-2013	EU FINANCING (80%) %	EU FINANCING (80%) €	TOTAL PUBLIC EXPENDITURE (€)
知識経済の発展 I	R&D+i activities in Research Centres	0.11%	922.892	1.153.614
	R&D+i Infrastructures (plants, instruments and high-speed computer networks)	3.98%	32.527.594	40.659.494
	Transfer of technology, improvement in SMEs and University-Firms collaboration networks	0,33%	2.721.442	3.401.802
	Support for R&D+i, particularly in SMEs (access to R&D+i services in research centers)	10,42%	85.227.948	106.534.939
	Investments in companies directly linked to innovation (technologies, new enterprises…)	0,61%	4.965.081	6.206.351
	Telephone Infrastructures (including broadband infrastructure)	1,72%	14.107.283	17.634.105
	Services & applications for citizens (e-services in health, public administration, education)	1,00%	8.214.707	10.268.385
	DEVELOPMENT OF THE KNOWLEDGE ECONOMY (R&D+i, INFORMATION SOCIETY, ICTs)	18,17%	148.686.947	185.858.690
ビジネス発展とイノベーション II	Other investmisents in enterprises	23,32%	190.843.617	238.554.526
	Other actions intended to stimulate innovation and entrepreneurship in small businesses	1,45%	11.884.677	14.855.853
	BUSINESS DEVELOPMENT AND INNOVATION	24,78%	202.728.294	253.410.379
III	ENVIRONMENT, NATURE, WATER RESOURCES AND RISK PREVENTION	22,90%	187.354.760	234.193.450
IV	TRANSPORT AND ENERGY	23,62%	193.247.525	241.559.412
V	LOCAL AND URBAN SUSTAINABLE DEVELOPMENT	10,30%	84.256.289	105.320.370
VII	TECHNICAL ASSISTANCE AND INSTITUTIONAL CAPACITY STRENGTHENING	0,23%	1.920.622	2.400.777
TOTAL ERDF OPERATIONAL PROGRAM FOR CASTILLA Y LEÓN		100,00%	818.194.437	1.022.743.078
TOTAL ERDF PLURIRREGIONAL OPERATIONAL PROGRAMS FOR CASTILLA Y LEÓN: AXIS 1				171.470.983
TOTAL ERDF RESOURCES LINKED TO R&D+i				610.740.052

得された特許は住民100万人当たりわずか27件で、スペイン全体のレベルの15％しかありませんでした（図33）。

　その他の弱点としては、研究開発、イノベーションの実施、ICTの推進における不十分な制度的リーダーシップと調整、科学的専門性と経済的専門性の間のより強固なつながりの必要性、大学と企業の連携が不十分な状態が続いていること、地域の大学がランキングを改善させる必要性が挙げられます。大学の卒業生が持つスキルと、企業が要求するコンピテンスの関連性をもっと深める必要もあります。研究開発機関では人的資源が不足していて、人材が失われたり頭脳流出が起こったりしています。他の地域や外国への移住を希望する若い大学卒業生が増えているのです。これは私たちにとって、最近起こっている一番の悲劇です。ここは人口が少ないのに、若い人がよそに行ってしまうのです。イノベーションの国際化が進まず、国際的な資金源へのアプローチが低くなっています。ICTのさらなる普及に対する障害や、地域が広大で山岳の地形であること、人口の高齢化、農村部からの人口流出といった弱みも抱えています（図34）。

図33 カスティーヤ・イ・レオンにおけるR&D+iのSWOT分析

強み	弱み	機会	脅威
	企業の技術的水準や知識の吸収能力は限られている。企業規模は非常に小さく、経営者層のトレーニングと情報通信技術の採用が急務である。		

企業における技術的イノベーション

TECHNOLOGIC INNOVATION IN ENTERPRISES	2003	2004	2005	2006	2007	2008	2009	2010	2011	2012
% Innovative firms ≥ 10 employees										
Castilla y León	14,11	29,76	25,90	23,28	22,48	20,65	21,72	17,66	17,79	13,70
Spain	19,36	29,74	27,00	25,33	23,50	20,81	20,54	18,58	16,57	13,20
R&D+i Expenditure (thousand €)										
Castilla y León	315.824	487.700	514.478	560.922	756.396	798.060	803.274	584.193	508.367	564.357
% R&D expenditure in big firms	56,42	55,33	60,63	51,48	45,94	38,67	30,57	51,58		
% R&D expenditure in SMEs	43,58	44,67	39,37	48,52	54,06	61,33	69,46	48,42		
Spain	11.198.505	12.490.813	13.635.950	16.533.416	18.094.618	19.918.946	17.636.824	16.171.218	14.755.807	13.410.348
% R&D expenditure in big firms	53,74	55,41	59,65	60,06	55,35	56,74	59,88	61,03	62,51	64,02
% R&D expenditure in SMEs	46,26	44,59	40,35	39,94	44,65	43,26	40,12	38,97	37,49	35,98
% CyL /Spain R&D+i business expenditure	2,82	3,90	3,77	3,39	4,18	4,01	4,55	3,61	3,45	4,21
High and medium-high technology sectors										
% Firms in Castilla y León/Total regional firms	1,84	1,88	1,94	1,96	1,95	1,80	1,65	1,39	1,41	1,42
% Firms in Spain/Total national firms	2,87	2,91	2,91	2,91	2,92	2,50	2,60	2,26	2,31	2,33
% Employment in CyL/Regional employment	6,49	6,50	6,32	6,36	7,20	6,10	5,87	5,87	5,60	6,00
% Employment in Spain/National employment	7,42	7,40	7,38	7,34	7,30	6,60	6,37	6,48	6,60	6,80

特許

PATENTS (by million inhabitants)	2003	2004	2005	2006	2007	2008	2009	2010	2011	2012
Castilla y León										
Requested 申請	32,2	35,4	44,4	50,9	38,0	42,2	41,7	43,0	39,7	49,7
Granted 許可	18,7	15,9	28,5	24,0	28,9	28,5	35,5	27,0	23,2	27,0
Spain										
Requested 申請	68,6	70,1	74,1	75,8	71,8	78,0	79,4	77,7	74,6	71,4
Granted 許可	39,1	40,2	56,8	46,4	51,3	43,7	53,6	56,6	57,5	56,4

Patents' Provincial Distribution in Castilla y León 2013	AV	BU	LE	PA	SA	SG	SO	VA	ZA	CyL
	4	24	17	2	10	1	2	34	1	954
(%)	4,21	25,26	17,89	2,11	10,53	1,05	2,11	35,79	1,05	100,00

図34 カスティーヤ・イ・レオンにおけるR&D+iのSWOT分析

強み	弱み	機会	脅威
	R+D+I の進展と、情報通信の推進に関する組織的なリーダーシップとコーディネーションの不足		
	技術的な特化をより強く経済的特化に結びつける必要;大学-企業間の関係が十分でない状態が続いている;地域の大学は、ランキングにおける地位を向上させる必要。		
	卒業生の能力を、企業が必要とするコンピータンシーにより強く結びつける必要. R&D組織における人的資本資源の不足(才能の喪失と頭脳流出).		
	イノベーションの国際化の低さと、国際的な資金源への参加度の低さ.		
	より高度のICT拡散普及に対する障害:地域の規模と山間地形、人口の高齢化、人口流出。		

（２）脅　威

　こういった弱点は、幾つかの脅威のせいでさらに悪化する可能性があります。これは、経済・金融危機の影響の長期化、特に中小企業やイノベーティブなスタートアップによる金融市場へのアクセスの難しさ、民間投資の減少、特に研究開発やイノベーションへの投資の減少、研究開発およびイノベーションに対する予算の削減による地域イノベーション・システムインフラの喪失、ICT の変化への対応に関連するその他の問題、そして最後に、農村部への投資が行われないことによるネガティブな影響です。農村部では、イノベーティブな統合された開発プロジェクトを推進することが本当に必要とされています（図35）。

図35　カスティーヤ・イ・レオンにおけるR&D+iのSWOT分析

強み	弱み	機会	脅威

- 経済金融危機の影響の持続と、金融市場へのアクセスの難しさ (とくに中小企業とイノベーティブなスタートアップ企業にとって).
- 民間投資の後退: とくに R&D+I 投資の減少.
- R&D+iに対する予算の一段減少、これに伴うR&D+i構造支援、人的資源および イノベーティブなイニシアティブに対する公的部門の支援能力の低下：地域イノベーションインフラの喪失.
- グローバル化する環境の下での情報通信技術の変化に企業が十分に適応できず、競争力が後退.
- 行政、とくに地方ないし地域レベル、の適応を阻む技術の急速な変化.
- 田園地域における投資不足のネガティブな影響。本当は、こうした地域においてこそ、イノベーティブで統合された開発プロジェクトが必要.

（３）強み

　強みに関しては、広範な技術インフラ・ネットワークの存在を指摘する必要があります。この点では、さまざまな措置を推進し、実施するための地方政府の執行機関である経済開発機関、ADE の役割をまず強調しておく必要があります。ADE はこの地域内における、ボエシージョ、レオン、

ブルゴスの三つの技術パークの設立を推進してきました。この三つの中で最も重要性が高いのはボエシージョです。

さまざまな専門分野でたくさんの技術センターや、イノベーティブな民間企業がこのような技術パーク内に所在しています。また、そのうちの一部はつい最近16のクラスターに統合されました。その大半がここ数年のうちに設立されています。

最後に、大学、官と民、特に技術センター、科学パーク、大学の機関、研究結果の移転のためのオフィスを統合した四つの公的機関の存在が挙げられます（図36）。

図36 カスティーヤ・イ・レオンにおけるR&D+iのSWOT分析

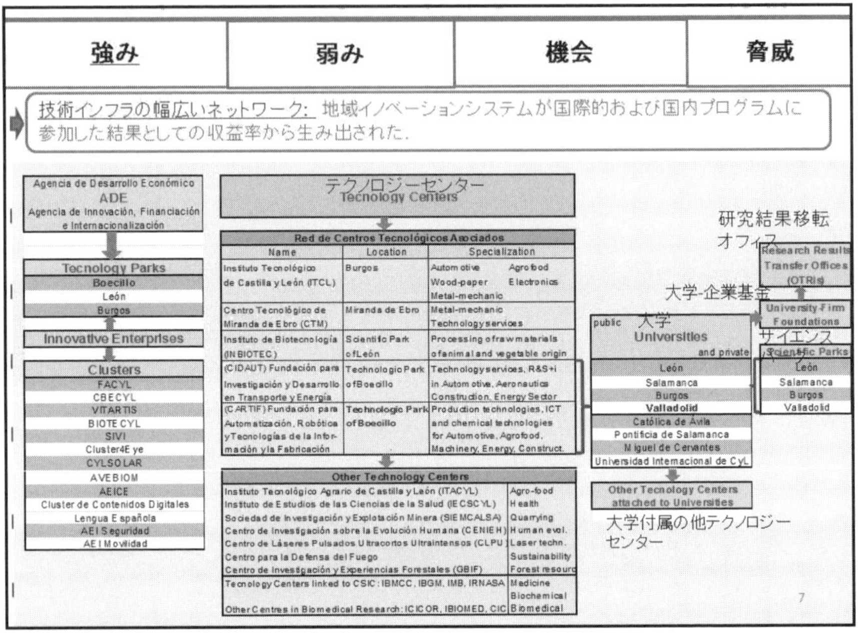

強み	弱み	機会	脅威

技術インフラの幅広いネットワーク: 地域イノベーションシステムが国際的および国内プログラムに参加した結果としての収益率から生み出された。

ここでこのボエシージョ技術パークについて見てみること興味深いでしょう。ここはバリャドリッド市から11キロのところにあって、二つのダイナミックな技術センターがあります。ここは自動車とエンジニアリングに特化していて、バリャドリッドに進出しているフランスの多国籍企業、ルノーと非常に強い結びつきがあります。もう一つの技術センターは

CARTIF で、もっと多様な活動をしていますが、バリャドリッド大学と密接に結びついています。2013年には、このパーク内には107の企業と3,500人の従業員がいましたが、残念なことにその前の年より1,000人雇用が減少しています（図37）。

図37 カスティーヤ・イ・レオンにおけるR&D+iのSWOT分析

強み	弱み	機会	脅威
技術インフラの幅広いネットワーク： 地域イノベーションシステムが国際的および国内プログラムに参加した結果としての収益率から生み出された．			

	Tecnology Park of Boecillo			Tecnology Park of León		
	2012	2013	% var.	2012	2013	% var.
Surface Area	118	118	0.00	32	32	0.00
Number of enterprises located	116	107	-7.76	15	18	20.00
Number of Technology Centres	2	2	0.00	0	0	0.00
Accumulated Investments (million €) in Tecnology Centers and enterprises	534.4	541.5	1.17	84.6	117.2	38.53
Turnover (million €) in Tecnology Centers and enterprises	445.7	424.7	-4.73	49.8	50.4	1.15
Total employment	4,454	3,488	-21.67	758	379	-50.00
Direct employment in TC and enterp.	4,212	3,326	-21.04	642	338	-47.27
Employment in business services	241	163	-32.66	116	40	-65.15
Main activities	ICT / Automotive / Pharmacist / Biotechnology / Environmental / Industrial technologies			ICT / Engineering / Pharmacist /	Electronics / Aeronautics / Chemical / Engineering / Energy sector / Consultance	Services / Chemical

面積／企業数／テクノロジーセンター数／累積投資額／売上高／総雇用／直接雇用／ビジネスサービス雇用

主な活動：情報通信／自動車／製薬／バイオテク／環境／工業技術　エレクトロニクス／航空／科学／エンジニアリング／エネルギー分野／コンサルティング／サービス／化学

これは幾つかの専門分野に属する16のクラスターを示したものです。関係する企業の数と技術センターの数に関するデータが示されています（図38）。

このクラスターは、一部においては、この地域のローカルな生産システムに以前から存在していた企業集積度を再現することを目指していました。こちらの地図に示されているとおりです。一般的に農業ビジネス活動に特化した中小企業の地理的なグループがあります。最もダイナミックなケースはここのサラマンカ県のギフエロで、この地域にはハモン・イベリコのハムと、こちらの地域、リベラ・デ・ドゥエロのワインがあります（図39）。今これについて話をするのはちょっと危険ですね。

他に強調しておくべき強みとしては、スペインの平均と比べて被雇用者

図38 カスティーヤ・イ・レオンにおけるイノベーティブ・クラスター

クラスターのロゴ Cluster's Logo	クラスター名 Cluster's name	分野 Field	企業数 Number of Enterprises	大学―企業基金 Univ.-Enterp. Foundations	テクノセンター Technology Centers	協会等 Associations and others	Total
FaCyL	FACYL	Automotive	27	0	1	0	28
CBECyL	CBECYL	Capital goods	25	2	3	1	31
VITARTIS	VITARTIS	Agrofood	26	6	4	0	36
biotecyl	BIOTECYL	Health (oncology and Biopharmaceuticals)	11	4	2	1	18
SIVI	SIVI	Innovative Solutions for a Independent Life	16	3	3	7	29
Cluster4eye	Cluster4Eye	Ophtalmology and Vision Sciences	18	7	2	0	27
cylsolar	CYLSOLAR	Photovoltaic Energy	14	2	2	0	18
AVEBIOM	AVEBIOM	Biomass	38	0	2	2	42
aeice	AEICE	Habitat and Efficient Construction	73	2	2	8	85
	Cluster de Contenidos Digitales Lengua Española	Digital Contents in Spanish Language	15	3	0	5	23
aei seguridad	AEI Seguridad	Informatic Security	21	1	2	7	31
aei	AEI Movilidad	Mobility	20	4	1	1	26
aeris	AERIS	Environmental Sustainability	10	n.a.	n.a.	n.a.	10
ACALINCO	ACALINCO	Engineering and Consultance	34	n.a.	n.a.	n.a.	34
Cámara de contratistas	Cámara de Contratistas de CyL	Construction	80	n.a.	n.a.	n.a.	80
cemcal	CEMCAL	Wood	n.a.	n.a.	n.a.	12	12

図39 カスティーヤ・イ・レオンにおける生産性の高い地域産業システム

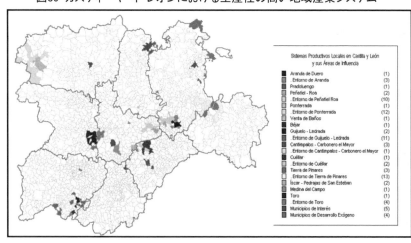

の学歴が高く、イノベーション、エンジニアリング、ICT、医学、化学、農業食品に関連したさまざまな分野で大学卒業者が送り出されていることが挙げられます。民間の研究開発・イノベーション支出は全国レベルより高いです。また、この地域の専門性の高い生産と関連する一部のセクターは国際レベルで競争力が高く、よりうまく危機に対応することができました。

　これらのセクターは、技術レベルで地域の交易収支を黒字にしていました。また、地域全域をカバーするブロードバンド網を利用することができます。それから、この地域にはICTの関連施設やリファレンスセンターがあり、コンピュータとインターネットアクセスを保有する家庭が増加していて、Eコマースの利用が拡大し、デジタルネイティブの割合が増加しています。行政、健康、教育分野でのICTの利用もさらに拡大しています（図40）。

図40 カスティーヤ・イ・レオンにおけるR&D+iのSWOT分析

強み	弱み	機会	脅威

- 雇用者の学歴は、スペイン平均に比べて高い；地域の雇用者に占める大卒(博士を除く)の割合は39,2%と全国平均(38,6%)を上回る；
- イノベーションに関連する幅広い分野における卒業生:エンジニアリング、情報通信技術、医学、科学、農業食品…

民間R&D+i支出の執行は、全国平均を上回る。

企業R&D比率

% R&D expen. by firms	2002	2003	2004	2005	2006	2007	2008	2009	2010	2011	2012
Castilla y León	53,2	52,8	53,9	55,4	56,0	59,0	62,0	52,9	53,6	54,4	61,8
Spain	54,6	54,1	54,4	53,8	55,5	55,9	54,9	51,9	51,5	52,1	53,0

地域イノベーション・システムの生産的な専門家に関連した幾つかの分野は国際的にも強い競争力を有し、比較的うまく危機に対処 ➔ 技術的分野における貿易収支の黒字.

地域全体を幅広くブロードバンドがカバーしており、また地域には、情報通信技術に関連施設や照会センターが存在する。

コンピューターを所有し、インターネットへのアクセスを有する家計数の増加；エレクトロニック・コマースの利用度は高まる傾向；デジタル活用人口比率の高さ

行政、健康および教育部門における情報通信技術の利用拡大と進展。

（4）チャンス

チャンスには、地域における関連セクター、すなわち農業ビジネス、健康、生活の質、エネルギー、環境に関連する活動におけるトレンドを活用する能力が含まれます。また、技術的専門性は、先進素材、先進生産プロセス、ICT、バイオテクノロジーにおける応用の発展を可能にし、その経済セクターへの翻案を推進してくれます。さらに、バリューチェーンにおけるセクター間の統合が一層進むことで、チャンスが生まれます。

農業食品、ICT、財、設備、バイオテクノロジー支援医療、家具、繊維、石材、文化遺産、スペイン語もあります。カスティーリャ・イ・レオンにはスペインの文化遺産の50％以上がある地域で、文化遺産とスペイン語は私たちにとって非常に重要です。文化的モニュメント、遺産がこの地域に非常に集中しています。また、スペイン語の起源はここ、この地域の北部にあるため、スペイン語も非常に重要です。

構造基金の2014年から2020年までの新しいプログラム期間における課題は、私たちにとってチャンスでもあります。研究開発とイノベーション、

図41 カスティーヤ・イ・レオンにおけるR&D+iのSWOT分析

強み	弱み	機会	脅威
		地域の関連分野における活動の傾向を活用する能力：農業ビジネス、健康、QOL、エネルギーおよび環境.	
		技術的な特化は、高度素材、高度生産プロセス、情報通信技術およびバイオテクノロジーの分野における適応の進展を可能にする；また、それを経済分野に翻案するのを容易にする.	
		機会は、バリュー・チェーンにおける分野間統合の高まりから生まれる：農業食品-IT情報技術機器； バイオ技術に支えられた健康産業；家具-繊維-石材；文化遺産-スペイン語、など.	
		EU構造基金の新プログラム期間 2014-2020 および新EUガイドラインに内在する挑戦： ■ R&D+i 地域政策の適応における変革を遂行し、"下賜文化"を克服する ■ 基金の運用においてシナジーと相補性を発掘し、地域のリーダーシップを促進するために政策と手段の統合度を高める. ■ 企業に対するノベーション・サービスに関し、金融面の制度を再編し、行政の役割を再定義する.	
		行政部門、市民および企業への情報通信技術の拡散普及により生まれる機会："スマート・シティ"、省エネ、ビジネスの国際化、e-コマース、テレワーク.	

地方政策の変更に関するEUの新しいガイドラインが出されていますが、私たちの地域に根深く根付いている補助金文化を克服し、市場による相乗効果と補完性を見出し、地域のリーダーシップを推進する政策の統合を進めることが必要です。また財政手段の方向性を見直し、企業に対するイノベーション・サービスの供給のため、公的機関の役割を再定義し、公共セクター、市民、企業へのICTの普及から得られるチャンスを生かすことが重要です。例えば、スマートシティに関して、エネルギーの節約や企業の国際化、Eコマース、テレワークなどで面白いプロジェクトがあります（図41）。

5．新しい地域戦略に向かって

強みとチャンスについて考察することで弱点を克服し、脅威に立ち向かうために、この地域の当局は新しい戦略を策定しました。これは地域の関係者の間に相互的なプロセスを生みだし、一層の専門化を進めるものです。この戦略は、経済、科学、技術分野の専門性の地域パターンを考慮に入れています（図42）。

これらの戦略は、農業食品と自然資源、輸送セクターの効率性、健康お

図42 賢い地域の特化を実現することに焦点を当てたカスティーヤ・イ・レオンの特化パターン

経済的特化パターン
ECONOMIC SPECIALIZATION PATTERN
* Agrofood 農業食品
* Automotive, components and equipment 自動車、部品装
* Health and Quality of life 健康、QOL
* Tourism, Natural & Cultural Heritage, Spanish language 観光、自然・文化遺産、スペイン語
* Energy and Industrial Environment エネルギーと産業環境
* Habitat 動物生息地

科学的特化パターン
SCIENTIFIC SPECIALIZATION PATTERN
* Medicine 医学
* Agriculture, Biological Sciences and Veterinary 農業、バイオ化学、獣医学
* Chemistry and Materials Science 化学および素材化学
* Earth and Environmental Sciences 地球および環境科学
* Energy and Industrial Environment エネルギーと産業環境
* Engineering エンジニアリング

技術的特化パターン
TECHNOLOGIC SPECIALIZATION PATTERN
* Advanced materials 高度素材
* Information an Communication Technologies (ICT) 情報通信技術
* Biotechnology バイオテク
* Manufacturing and Advanced Processes 製造業と高度処理

図43 カスティーヤ・イ・レオンにおける賢い特化(RIS3)のための
研究・イノベーション戦略　2014～2020

よび社会ケア、自然および文化遺産というテーマ別の優先課題を設定しています。この戦略には幾つかの目標があり、対応するプログラムが作られています。これらの目標は経済モデルをより競争力ある持続可能なものに強化します。一部の専門分野での科学的・技術的リーダーシップに向けた動きがはっきりとしています。国際化を改善し、地域のイノベーションシステムに対する外部からの視認性を高めます。関係者の間の学際的な協力を推進します。イノベーションと創造性の文化を推進し、ICT が変化を実現し、社会的・地域的一体性を実現するツールになれるようにします（図43）。

　この戦略は、科学研究、技術開発、イノベーションに対する地域戦略と、2007年から2013年までの知識デジタル社会のための地域戦略に取って代わるものです。2014年から2020年までの時間枠における野心的な試みで、EU のホライズン2020プログラムに組み込まれています。これは融資総額が90億ユーロ以上に達するプログラムで、そのうち40％が公的資金で、こ

スペインにおける地域発展とイノベーション(スペイン)

図44 スペインのワイン

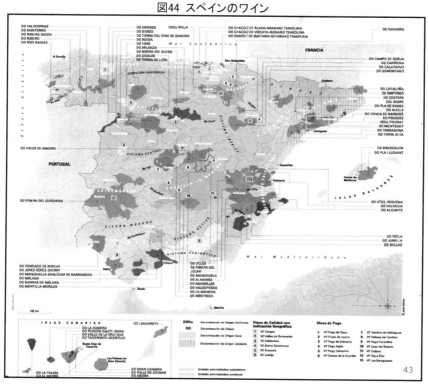

ちらのさまざまな機関が財源となっています。最も重要なこととして、市民の役に立つ市場目標が掲げられており、可能な限り現実になってほしいと願っています(図44)。

おわりに

　本地域研究センターは地域活性化や地域発展をテーマに、毎年国際シンポジウムを開催してきた。今年度13回目に当たるシンポジウムを実施した。近年、地方創生が政府の重要政策となる中で、さまざまなレベルでイノベーションが求められている。言うまでもなく、海外でも地域発展は重要な課題である。
　日本では海外の地域開発や地域活性化についての情報は比較的少ない。先進国でも地域活性化は重要な政策である。シリコンバレーなどアメリカの情報についてはいくらかあるもののヨーロッパについては非常に少ない。ヨーロッパではこうした情報は地域の地域に関する専門家や研究者が日常的にセミナー、学会、シンポジウムなどさまざまな経路を通じて情報交換し共有する。自治体の地域開発担当者は日本とは異なり、専門職であることが多い。実務家間の交流もしており、自治体を移動することも少なくない。彼らはアカデミックとも交流する。こうした情報を少しでも日本で紹介し、日本の地域活性化政策や地域研究に新しい視点を紹介したいと考えてきた。
　最後に、お世話になった方々にお礼を申し上げたい。地域研究センターが国際シンポジウムを13回重ねられたのは多くの方々の協力があってのことである。まず、本シンポジウムは文部科学省私立大学戦略的研究基盤形成支援事業「地域活性化のメカニズムと政策の研究」によって開催できた。
　本センターの運営委員や客員研究員、とりわけ社会学部田口博雄教授、経営学部田路則子教授、専門職大学院イノベーションマネージメント研究科松本敦則准教授にお世話になったことを感謝したい。海外の研究者、とくにフィレンツェ大学オッターティ教授、ヌーシャテル大学クロヴァジェ教授、スウェーデンのルンド大学ムーディソン教授やカーヴェリンゲ市副市長ローゼン氏などに協力していただいた。
　今回の出版にあたって、客員研究員山本祐子氏と本センター佐藤元紀氏と浅川昌代氏にご協力いただいた。特にまったく時間のない中、出版をお引き受けいただいた芙蓉書房出版の平澤公裕社長に感謝したい。

岡本　義行

> 資料

法政大学地域研究センター「国際シンポジウム」の報告者・講演者

■第1回（2003年6月19・20日）
「新しい産業クラスターを目指して―イノベーションとソーシャル・キャピタル」
第1報告　信頼関係と産業集積の効率性
　　　　　　　　　　　　　　　ガービ・デイ・オッターティ（フィレンツェ大学）
第2報告　フランスにおける産業集積と地域政策
　　　　　　　　　　　　　　　　　　ジョルジュ・ベンコ（パリ第一大学）
第3報告　知的クラスター、ソーシャル・キャピタル、イノベーション―ドイツ
　の事例　　　　　　　　　　ボーリス・ブラウン（バンベルク大学）
第4報告　日本の集積とソーシャル・キャピタル　　岡本義行（法政大学）
第5報告　シリコンバレーにおけるイノベーションとソーシャル・キャピタル
　　　　　　　　　　　　　　ドナルド・パットン（カリフォルニア大学）
シンポジウム

■第2回（2004年12月17・18日）
「地域の力と政策の融合を求めて―産業創造のスタイルブック」
第1報告　スウエーデン・カルマールにおける地域政策とインキュベーション
　　　　　　　　　　　　　　マッツ・ローゼン（カルマール市コーディネーター）
第2報告　イノベーティブ・ミリューと地域発展：スイスのケースに見られる潜
　在力と限界　　　　　　　オリビエ・クロヴォワジェ（ヌーシャテル大学）
第3報告　イタリアにおける地域発展と政策手段
　　　　　　　　　　　　　　　ガービ・デイ・オッターティ（フィレンツェ大学）
第4報告　ヨーロッパの地域発展：EURADA ネットワーク構成組織のリーダー
　的役割　　　　　　　　　レナート・ガッリアーノ（ミラノ北地域振興公社）
第5報告　日本における国土計画―地域の自立的発展をめざして
　　　　　　　　　　　　　　　　　　　　　　　廣田正典（国土交通省）
パネルディスカッション

■第3回（2005年10月28日）
「地域自立のもとでの"クラスター、イノベーション、そして支援体制"」
基調講演　イノベーション・クラスターの形成　　　清成忠男（法政大学）

277

プレゼンテーション1　石炭採掘からハイテクへ―Aachen Technology Region に於けるインキュベーター、支援システム、クラスターの役割
　　　　　　　　　　　　　ビクトリア・アッペルベ（AGIT 投資マーケティング）
プレゼンテーション2　知識競争力経済における地域開発戦略
　　　　　　　　　　　　　　　　　　クリスチャン・ソブレンズ（EURADA）
プレゼンテーション3　クラスター、イノベーション、そして、サポート・システム　スウェーデンのヨンショーピン・サイエンス・パーク―地域発展の促進とビジネスの再生
　　　　　　　　　　　テレーゼ・ショルンド（ヨンショーピン・サイエンスパーク）
プレゼンテーション4　大田区の産学連携支援
　　　　　　　　　　　　　　　　　　　山田伸顕（大田区産業振興協会）
パネルディスカッション

■第4回（2007年2月27日）
「新規創業をいかに促進するか―企業家精神、新規創業、インキュベーション、支援体制を考える」
第1報告　イギリスにおける新規創業　　　アラン・バーレル（ルートン大学）
第2報告　スイスにおける新規創業
　　　　　　　　　　　　　　　ティエリー・ボレリー（ザンクトガレン大学）
第3報告　韓国における新規創業　　　　ユン・テーヨン（静岡県立大学）
第4報告　日本における新規創業　　　　鹿住倫世（高千穂大学）
パネルディスカッション

■第5回（2008年2月26日）
「地域再生と産業クラスターの役割」
第1報告　浜松地域にはなぜ世界的企業が多いのか
　　　　　　　　　　　　　　　　　　　坂本光司（静岡芸術文化大学）
第2報告　スウェーデン・メディコンバレーの形成とバイオ産業
　　　　　　　　　　　　　　　　　イェルケル・ムーディソン（ルンド大学）
第3報告　フィランドの地域発展と産業創出
　　　　　　　　　　　　　　　　　ハンヌ・ヴェサ（フィンランド地方政府）
第4報告　イタリア・プラートの地域発展と産業集積の役割
　　　　　　　　　　　　　ガービ・デイ・オッターティ（フィレンツェ大学）
パネルディスカッション

■第6回(2009年2月26日)
「地域イノベーション　世界同時不況を乗り越える」
第1報告　イギリスに関する報告　　　　アラン・バーレル(ケンブリッジ大学)
第2報告　スイスに関する報告　　　　　デニ・マイヤ(ヌーシャテル大学)
第3報告　オーストラリアに関する報告
　　　　フィリップ・ケンプ(ビジネスイノベーション&インキュベーション協会)
第4報告　日本に関する報告　　　　　　　　　　　岡本義行(法政大学)
パネルディスカッション

■第7回(2010年2月26日)
「地域活性化の施策と人材育成」
問題提起
講演1　地域活性化―高知工科大学の取組み　　　　平野真(高知工科大学)
講演2　地域のおもてなしと産業と観光　　　　西尾久美子(京都女子大学)
講演3　地域における観光政策の役割と課題
　　　　　　　　　　　　　　ピエール・ベルテッリ(ザンクトガレン大学)
講演4　地域政策推進における官民アクターの連携
　　　　　　　　　　　　　　マッツ・ローゼン(カーヴィリンゲ地域協議会)
パネルディスカッション

■第8回(2011年1月28日)
「グローバルな競争のもとでの地域活性化」
講演1　グローバルな競争のもとでの地域活性化　　　岡本義行(法政大学)
講演2　ノルマンディへの海外直接投資
　　　　　　　　　　　　ジャン・ジャック・フォアニエ(ノルマンディ振興公社)
講演3　スコーネ地方の活性化戦略　　　オーラ・ヨンソン(ルンド大学)
講演4　フランス・スイス Jura 弧地域におけるクラスターの再強化―時計製造
　業からマイクロテクノロジーへ
　　　　　　　　　　　　　　ピエール・ロッセル(ローザンヌ工科大学)
講演5　イタリアにおける地域産業政策
　　　　　　　　　　　　　　フィオレンツァ・ベルッシ(パドヴァ大学)
パネルディスカッション

■第9回(2012年1月31日)
「地域活性化と産業再生」
講演1　ノルウェー先進的能力センター(NCE)とクラスター政策

　　　　　　　ビヨン・アルネ・スコーグスタッド（イノベーション・ノルウェー）
講演2　新世紀におけるイタリアの産業集積衰退 vs 変成―理論・事実・政策
　　　　　　　　　　　　　　　　　ジョヴァンニ・ソリナス（モデナ大学）
講演3　地域産業政策と産業のクラスタリング　　　天野元（仙台市経済局）
講演4　スウェーデンの地域クラスターとクラスター政策―北欧の視点からみた
　　比較　　　　　　　　　　　　　　　ビヨン・アスハイム（ルンド大学）
パネルディスカッション

■第10回（2013年1月31日）
「地域イノベーションのメカニズムと政策」
講演1　コミュニティ・ビジネスによる東日本大震災からの復興について
　　　　　　　　　　　　　　　　　　　　　　柳井雅也（東北学院大学）
講演2　知識のダイナミックス、企業の特性と地域発展―スウェーデンからの教訓
　　　　　　　　　　　　　　　　イェルケル・ムーディソン（ルンド大学）
講演3　イノベーション、持続可能性と地域発展―新しい形の地域化に向けて
　　　　　　　　　　　　　　　　　　　レイラ・カビール（パリ市工科大学）
講演4　文化的資源、創造産業および地域の舞台化システム
　　　　　　　　　　　　　　　オリビエ・クレヴォワジェ（ヌーシャテル大学）
パネルディスカッション

■第11回（2014年1月31日）
「非都市地域における地域産業政策」
講演1　地方小都市における産業振興　　　　　　岡本義行（法政大学）
講演2　フランスのクラスター政策とその非都市地域へのインパクト
　　　　　　　　　　　　　　　アナ・コロヴィック（ネオマ・ビジネススクール）
講演3　ポスト産業社会における産業政策
　　　　　　　　　　　　　　　シャルリエ・カールソン（ヨンショーピン大学）
講演4　非都市部沿岸地域のための産業政策
　　　　　　　　　　　　　　　　トレビョーン・トロンセン（トロムソ大学）
講演5　グローバル化した経済におけるイタリアの産業地区〈Industrial
　　Districts(ID)〉の変化　　ガービ・デイ・オッターティ（フィレンツェ大学）
パネルディスカッション

■第12回（2015年1月30日）
「地域イノベーションと地域活性化のメカニズム」
講演1　地域発展とそのメカニズム　　　　ボーリス・ブラウン（ケルン大学）

講演2　産業地区と「新しい製造業」
　　　　　　　　　　　　　リーザ・デ・プロプリス（バーミンガム大学）
講演3　スペインにおける地域発展とイノベーション—カスティーヤ・イ・レオンのケース　　ホワン・ホセ・フステ・カリヨン（バリャドリッド大学）
講演4　日本のクラスター政策と地域イノベーション　　松原宏（東京大学）
講演5　研究、イノベーションと地域発展
　　　　　　　　　　　　ジャッキーノ・ガローフォリ（インスブリア大学）
パネルディスカッション

■第13回（2016年1月29日）
「地方創成のための産業創出とイノベーションの役割」
問題提起　地方創成のための産業創出とイノベーションの役割
　　　　　　　　　　　　　　　　　　　　　　　岡本義行（法政大学）
講演1　グローバルなイノベーション勝者を目指して—ノルウェーのクラスターからの視点
　　　　ビヨン・アルネ・スコーグスタッド（ノルウェー・イノベーション機構）
講演2　社会的イノベーションと地域の発展
　　　　　　　　　　　　　　ユストス・ヴェッセラー（ヴァーヘニンゲン大学）
講演3　リンブルグ（ベルギー）における鉱業、産業と転換
　　　　　　　　　　　　　　　　　クリス・ケーステロート（ルヴァン大学）
講演4　Industrie4.0やデジタル革命でドイツを導く"it's OWL"—NRW州の経済社会の活性化の中核にある先端クラスター
　　　ゲオルグ・K. ロエル（ノルトライン・ウェストファーレン州経済振興公社日本法人）
講演5　地域における産業創造—イタリアにおける4つのケースからの教訓
　　　　　　　　　　　　　　アレッサンドロ・シナトラ（カステランザ大学）
講演6　イノベーションと地域の発展—短い食品供給チェインの発展
　　　　　　　　　　　　　　　　　　レイラ・カビール（パリ市工科大学）
パネルディスカッション

執筆者紹介

岡本 義行(おかもと よしゆき)
法政大学大学院政策創造研究科教授、法政大学地域研究センター副所長
博士(経済学)
企業・産業の国際比較、産業集積およびその支援政策、地域振興、まちづくり、商店街の活性化、ファッション産業やアパレル産業およびその支援政策などを研究。国や自治体の関連する委員会、学会理事などを歴任。

ボーリス・ブラウン(Boris Braun)
ケルン大学教授、PhD.(ボン大学)
環境経済地理や環境経営、また産業や都市の変化、グローバリゼーションの環境や社会への影響などを研究。

ピエール・ベルテッリ(Pietro Beritelli)
ザンクト・ガレン大学教授、観光・交通研究センター所長、PhD.(ザンクト・ガレン大学)
経営学の研究者であり、観光、特にデスティネーション・マネジメントの専門家。観光組織において観光政策、デスティネーション・マネジメントの立案。

ガービ・デイ・オッターティ(Gabi dei Ottati)
フィレンツェ大学教授、Ph.D.(フィレンツェ大学)
産業集積及びマクロ経済と地域経済に関する研究者。多数のプラートを中心とした産業集積の著作がある。産業集積についての Becattini 学派の後継者。

リーザ・デ・プロプリス(Lisa De Propris)
バーミンガム・ビジネススクール大学教授、Ph.D.(フィレンツェ大学)
地域の経済発展を担当。製造業・サービス業の産業集積、産業創出、経済発展についての専門家。EU 諸国の統合化や調整政策の立案を担当。現在二つの EU プロジェクト、MAKERS および SKILLUP をコーディネート中。

レイラ・カビール（Leïla Kebir）
パリ市立工業大学専任講師、Ph.D.（ヌーシャテル大学）
地域の経済発展及び地域イノベーションに関する専門家。近年、地域資源の活用や地域における制度設計を研究テーマとしており、フランス農業の改革について後のシンポジウムで発表した。

マッツ・ローゼン（Mats Rosen）
カーヴィリンゲ市副市長
カーヴィリンゲ市ビジネス振興の責任者。ルンド大学卒。ブルゴーニュ大学及びゲーテ大学（フランクフルト）で研究。カルマール市参与。EU における南スコーネ代表、バルチック海協力プログラム代表、EU 発展プログラム代表などを歴任。

ビヨン・アルネ・スコーグスタッド（Bjørn Arne Skogstad）
「イノベーション・ノルウェー」クラスター部長
ノルウェーにおける産業政策の拠点「イノベーション・ノルウェー」において、産業クラスター政策の責任者。経営学修士（ノルウェー・ビジネススクールおよび MIT スローンスクール）。海洋開発企業の副社長、Ibas ASA 社 CEO などを歴任。

ユストス・ヴェッセラー（Justus Wesseler）
ヴァーヘニンゲン大学教授、Ph.D.(ドイツ・ゲッチンゲン大学）。
農業経済学および農村政策の専門家。現在バイオの経済学、バリューチェーンの経済学、サスティナビリティの改善に向けたバリューチェーンの規制、バリューチェーンに対する新技術と規制のインパクトを研究。

ホワン・ホセ・フステ・カリヨン（Juan J. Juste Carrion）
バリャドリッド大学教授
経済政策、経済発展論、地域経済学を担当。地域産業の育成、産業集積・クラスターの形成、地域における食品産業とその育成・支援などを研究。

編者
法政大学地域研究センター

グローバルな視点を持った地域問題研究の拠点として、行政、地方自治体、企業、NPO等に様々な支援・政策提言を展開する機関として2003年設立。法政大学の持つ知識・情報や地域連携のノウハウを地域や社会に広く還元すべく、各種のセミナー、シンポジウムなどを行っている。
また設立当初から、その研究に海外との事例比較を取り入れている。地域振興・地域再生策推進の先進地域であるヨーロッパ諸国から専門の研究者や実務家を招聘して国際シンポジウム開催してきた。国際比較研究成果の発表の機会であり、海外での地域の自立や産業振興・創造、産学官連携のあり方などについてグローバルな視点と交流する場として位置付けている。

地域活性化政策とイノベーション
——EU主要国の事例研究——

2017年 4月15日　第1刷発行

編者
法政大学地域研究センター・岡本義行

発行所
㈱芙蓉書房出版
(代表　平澤公裕)
〒113-0033東京都文京区本郷3-3-13
TEL 03-3813-4466　FAX 03-3813-4615
http://www.fuyoshobo.co.jp

印刷・製本／モリモト印刷

ISBN978-4-8295-0709-4

【芙蓉書房出版の本】

地域活性化の情報戦略

安藤明之編著　森岡宏行・川又実・牛山佳菜代著　本体 2,000円

大都市優位の流れの中で地域創生・地域活性化をどう図るか。
ICTなどの情報の戦略的活用のさまざまな事例を分析。

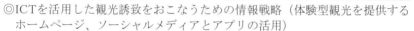

【主な内容】
◎地域活性化を支える主な情報技術（VR、AR、GPS、ディープラーニング、ICカード、デジタルアーカイブ、ロボット、プロジェクションマッピング、デジタル案内板、IoT）
◎無線技術における情報インフラの整備と情報戦略（無線によるインターネット接続、SIMカード・無線LANの利用）
◎ICTを活用した観光誘致をおこなうための情報戦略（体験型観光を提供するホームページ、ソーシャルメディアとアプリの活用）
◎ICTを活用した観光拡張戦略（音声ガイドシステム、ARシステム、位置情報ゲームの利用）
◎ICTを活用した広報戦略（地域特化型電子書籍ポータルサイト「Japan ebooks」、「データ放送」、スマートフォン用アプリの活用）
◎ソーシャルメディアを活用した広報戦略（Facebook、Instagram、LINE、YouTube、地域SNS）
◎サブカルチャーを活用した広報戦略（広報紙で漫画家のイラストリレー、ゲームによる地域の魅力発信）
◎自治体におけるICTを活用した情報戦略
◎紙メディアによる情報伝達（ペーパーレス化の流れと「紙」の役割、新聞、フリーペーパー、ミニコミ）
◎情報伝達におけるインターネットの活用
◎放送メディアに対する情報戦略（インターネットラジオ、自治体等との連携による番組作成、住民ディレクター活動による地域の連携）
◎地域産業に関係するICT関連政策
◎情報化による地域の活性化の例
◎ICT利活用による地域の連携例、地域通貨(電子通貨)の利用

【芙蓉書房出版の本】

地域メディア・エコロジー論
地域情報生成過程の変容分析
牛山佳菜代著　本体 2,800円

インターネットの急速な浸透により、従来型の地域メディア（地域紙、タウン誌、CATV、自治体広報など）の使命は終わったのか？　コミュニティFM、フリーペーパー、地域ポータルサイト、地域SNS、インターネット放送、携帯電話を利用した情報サービス等、多様な媒体を活用した取組みが全国各地で行われているいま、「多数のメディアが独自の役割で棲み分けて共存する」というメディア・エコロジー」の視点から、新たな地域活性化の姿を提示する。

地域イノベーション戦略
ブランディング・アプローチ
内田純一著　本体 1,900円

先進地域のシリコンバレー、シアトル、オースティン、北極圏の寒村から生まれ変わったオウル（フィンランド）、一気呵成に進んだバンガロール（インド）、そして地域広報に優れた札幌市……地球をひと回りしてIT産業の成功事例を豊富に紹介。地域が持っている魅力によって企業を引き寄せるアイデアを「ブランディング・アプローチ」として示す。

地球の住まい方見聞録
山中知彦著　本体 2,700円

新潟から世界各地を巡りFUKUSHIMAへ。36年をかけた「世界一周」の旅を通し、地域から世界の欧米化を問い直す異色の紀行エッセイ。「住まい方」という視点で描かれたさまざまな地域像を通して、これからの地域づくりを考える

イノベーションと研究開発の戦略
玄場公規著　本体 1,900円

世界トップレベルの研究開発能力を有している日本企業の業績が低迷しているのはなぜか？　イノベーションの重要な源泉であり、日本の経済成長の原動力ともいえる研究開発活動を戦略的に進めている、日本の大手企業4社の研究開発マネジメントの事例を徹底分析する。